JN443979

건축 및 인테리어 디자이너를 위한

인간공학

ERGONOMICS

윤영삼 · 김은경 · 진영서 공저

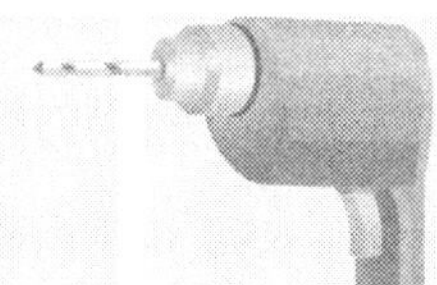

SEOWOO PUBLICATIONS

목 차

제 1 장 인간공학의 일반

제 2 장 인체와 인체계측

제 9 장 주거공간 디자인

CHAPTER 01

인간공학의 일반

제 1 장 인간공학의 일반

1.1 인간공학의 정의 및 목적

1. 인간공학의 정의

1) 인간공학의 영어표현인 ergonomics의 어원은 그리스어인 ergo(work : 일) + nomos(law : 법칙) + ics(학문)의 합성어이다.

2) 인간이 여러 가지 작업을 하는데 필요한 방법을 연구하는 학문이라는 의미. 미국에서는 human factors라는 용어로 사용되기도 한다.

3) 인간공학은 인간의 신체적 특성, 정신적 특성, 심리적 특성의 한계를 정량적 또는 정성적으로 측정하여 이를 시스템, 제품, 환경 설계와 인간의 안전, 평안함, 만족감을 극대화시키고 작업의 효율을 증진시키기 위하여 공학적으로 응용하는 학문이다.

4) Chapanis는 인간의 행위 · 능력 · 한계 · 특성들을 파악하여 이를 생산적이고, 안전하고, 편안하고, 효율적으로 인간이 사용할 수 있도록 도구 · 기계 · 시스템 · 작업 · 환경 등을 설계하는데 응용하는 학문을 인간공학으로 정의하고 있다(Chapanis, A,. 1976).

2. 인간공학의 주요관점

1) 인간공학은 인간이 사용하거나 이용하는 기기나 기계를 인간이 사용하는데 가장 적절하게 공학적으로 설계하여 인간의 능력, 한계 등을 극대화 시키는데 초점을 맞추고 있다.

2) 인간공학은 산업현장에서뿐만 아니라 일상생활에도 적용되어 모든 사람들이 안전하고 편안

한 삶을 살 수 있는 공간이나 환경을 만드는 데도 활용된다.

3. 인간공학의 목적

1) 사용의 편리성을 증대, 오류 감소, 생산성 향상을 위해 일과 활동을 수행함에 있어서 효율성을 증진시키는데 목표를 둔다.
2) 피로 감소, 스트레스 감소, 사용의 쾌적감 증가, 사용자의 적합성 향상, 안전성 향상, 작업 만족도 향상, 삶의 질 향상 등의 인간의 바람직한 가치를 증진시킨다.
3) 인간공학의 세부 목적
   (1) 안전성의 향상과 능률 향상
   (2) 기계 조작의 능률성과 생산성의 향상
   (3) 환경의 쾌적성
   (4) 훈련비용의 절감
   (5) 사고 및 오용(誤用)으로부터의 손실 감소
   (6) 제품 개발비의 절감

4. 인간공학적 접근방법

1) 제품 및 공간의 설계와 관련된 인간의 능력, 행동, 한계, 동기, 특징, 사용절차, 사용 환경 등에 관한 정보를 시스템 설계에 체계적으로 적용한다.
2) 제품 및 공간의 환경에 대한 인간의 반응 및 인간에 대한 정보를 밝혀내는 체계적인 조사방법으로 이러한 정보는 설계지침을 개발하거나 다양한 설계의 대안을 예측하는데 기초적인 자료로 사용된다.

1.2 인간공학의 배경 및 역사

1. 인간공학의 배경

테일러의 <과학적 관리법의 원리>와 길브레트의 <동작연구>등이 인간공학의 과학적 연구로 시작되었으며, 이를 계기로 미국의 인간공학이 심리학을 중심으로 학문으로서 전개되었다. 제1차 세계대전 후에 포드 시스템에서 컨베이어 작업이 시작되어 작업의 능률과 노동현장에 대한 연구가 활성화 되었으며, 제2차 세계대전의 인간 공학자들이 산업계로 이동하여 항공기, 자동차 그리고 NASA(미국항공우주국)등에서 공헌하였다. 또한 유럽에서는 노동과학을 중심으로 하는 연구의 흐름을 바탕으로 산업노동, 휴식, 노동 시간 등이 중심과제로 이루어졌다.

독일에서는 제1차 세계대전 후에 빌헬름 노동 생리 연구소가, 그리고 제2차 세계대전 후에 막스 프랑크 노동 생리 연구소를 중심으로 인간공학의 연구가 진행되었다. 영국에서는 제1차 세계대전 중에 국립 피로 조사국이 피로에 대한 연구를 발표한 것이 특징적이다.

1) 과거(인간공학적 고려 안함)

(1) 기계위주의 설계철학

(2) 기계의 효율성만을 강조

2) 시작단계(인간공학 적용의 초기)

(1) 인간위주의 설계철학의 시작

(2) 시스템에서 인간의 존엄성을 강조

3) 현재(인간공학의 활용)

(1) 기계와 인간의 통합시스템의 최적화

(2) 기계와 인간과의 인터페이스(interface)를 강조

2. 인간공학의 역사

1) 역사의 초기(19세기초반 ~ 20세기초반)

(1) 19세기 무렵 영국에서 일어난 산업혁명시기에 시작됨

(2) 길브레스(Gilbreth) 부부의 연구

① 1901년에 동작연구 완료함

② 1911년에 공장효율 관리운동을 전개함(컨설팅)

③ 1919년 피로연구를 함

④ 1920년 시간연구를 함

(3) 테일러(F. W. Taylor)는 1911년 시간연구를 시작함

2) 본격적인 연구의 시작(1945년 ~ 1960년)

(1) 1945년 2차 세계대전이 끝날 무렵 미국의 공군과 해군에서 공학심리학 연구소를 설립함

(2) 산업현장에서 기계를 다루기에 적당한 사람을 선발하기 시작함

(3) 기계를 설계할 때 인간의 특성을 고려하기 시작함

3) 연구의 성장기(1960년 ~ 1980년)

(1) 미국에서는 군사적인 문제와 산업현장에서 주로 연구됨

(2) NASA에서 우주개발 연구를 할 때 외부환경으로부터 인간을 보호하기 위한 연구를 실시함

(3) 산업현장에서 기계화의 한계를 느끼고 인간중심의 연구의 중요성이 대두됨

3. 인간공학과 관련된 분야

인간공학의 관련된 분야는 인간이 사용하는 제품뿐만 아니라 소속된 시스템 모두가 적용되는 대상이므로 적용되는 범위가 넓고 매우 다양하다. 인간공학이 적용되는 주요학문 분야는 산업심리, 인체측정학, 작업생리, 작업관리, 감성공학, 생체역학, 안전공학, HCI(Human Computer Interaction 또는 Interface), 제어공학, 환경공학, 건축 및 인테리어 디자인, 인지공학 등의 분야가 있다.

1)인간분야의 과학

(1)실험 심리학에서 발달해온 사고 방법

(2)의학과 생리학에서 발달해 온 사고 방법

(3)광의의 작업 연구에서 발달해 온 사고 방법

(4)사회학, 노동 과학 등에서 발달해 온 사고 방법

2)기계분야의 과학

(1)제어 공학에서 발달해온 사고 방법

(2)산업 디자인에서 발달해 온 사고 방법

(3)전자, 전기, 기계, 토목 공학 등에서 발전해온 사고 방법

3)환경 분야의 과학

(1)환경 공학에서 발달해 온 사고 방법

(2)환경 심리학, 환경 공학 등에서 발달해 온 사고 방법

(3)건축 및 인테리어 공간 분석 등에서 발달해 온 사고 방법

4. 인간공학의 필요성

1) 작업자 측면

(1) 산업재해 유형의 선진국화

① 최근 산업현장에서는 산업재해의 가장 큰 부분을 차지하고 있는 것이 근골격계 질환이다.

② 우리나라의 경우에도 기존의 산업재해의 형태는 추락, 낙하, 절단, 소음성 난청 등의 후진국형 재해가 대부분이었지만, 최근에는 근골격계 질환 및 심혈관계 질환과 같은 선진국형 산업재해가 급격히 증가하고 있다.

(2) 작업자에 대한 책임소재

① 추락, 낙하, 절단 등과 같은 재해 중에서 인간의 실수로 인하여 발생하는 재해가 후진국형 재해라고 볼 수 있으며, 현재 우리나라에서도 원인이 불분명한 재해의 경우에는 대부분 작업자의 실수로 처리하고 있는 실정이다.

② 선진국의 경우에는 인간이 실수하더라도 사고나 재해로 이어지지 않도록 하는 근본적인 안전 대책을 마련하고 있다(fool-proof, fail-safe 등)

(3) 재해율의 최소화

① 인간의 특성상 작업자의 인지적 능력에 한계는 유전적으로 정해져 있기 때문에 작업하는 도중 그 이상의 인지적 능력이 요구되면 사고가 발생되고, 이는 재해로 연결될

수 있다.

② 재해율을 감소시키기 위해서는 작업자가 스스로 재해예방에 대한 주의력과 집중력을 향상시키고, 정확한 작업방법으로 작업을 실시해야 한다.

③ 선진국형의 재해율을 감소시키기 위해서는 체계적인 교육과 훈련을 받은 작업자가 인간공학적으로 설계된 작업장에서 올바른 작업방법으로 작업하는 경우에 가능하다.

2) 경영자 측면

(1) 생산관리

① 효율적인 작업방법으로 생산성을 향상시킨다.

② 검사작업을 개선하여 재검사 및 출하 착오를 최소화한다.

③ 작업환경을 개선하여 작업자의 휴식시간과 횟수를 감소시킨다.

④ 기계장치의 배치를 효율적으로 재배치하여 장비수리에 걸리는 시간을 절감한다.

(2) 재해로 인한 의료비용 절감

① 재해가 발생하면 경영자 측면에서 많은 손해가 발생하게 된다.

② 생산라인의 문제를 개선하여 이로 인해 발생되는 재해를 최소화 한다.

(3) 장비의 설계

① 장비를 설계 할 때 처음부터 인간공학적인 면을 고려하여 장비를 재설계할 비용과 시간을 줄인다.

② 재설계 할 때에도 인간공학적 방법론을 적용하여 비용 및 시간을 최소화한다.

3) 사회적 측면

(1) 경영자와 작업자는 사회와 공적(共的)인 관계이다.

(2) 기업이 사회적, 문화적 공헌을 하지만 생산과정에서 작업자에게 상해를 입힐 수 있기 때문에 부정적인 측면도 있다.

(3) 산업재해를 예방하기 위해서는 인간공학뿐만 아니라 안전공학을 통해서 정량적이고 과학적인 방법을 적용할 필요성이 있다.

1.3 인간공학의 연구방법

1. 연구변수 및 기준

1) 연구변수

(1) 독립변수 : 실험자가 통제할 수 있는 변수

① 직무관련변수 : 조절막대의 길이, 화상표시장치의 종류 등

② 환경변수 : 소음, 조도, 진동 등

③ 피실험자 관련변수 : 성별, 신장, 연령 등

(2) 종속변수 : 독립변수에 의해 나타나는 행동의 결과로 연구의 기준이 되는 변수

2) 연구의 기준

(1) 체계기준 : 체계의 성능이나 산출물에 관련된 기준을 말하며 체계가 원래 의도한 바를 얼마나 달성하는지를 반영하는 기준이다.

(2) 인간기준

① 인간성능 척도 : 여러 가지 감각활동, 정신활동, 근육활동 등

② 생리학적 지표 : 심박수, 체온, 혈압, 호흡수 등

③ 주관적 반응 : 체계설계 면의 대안들에 대한 평점, 체계에 사용되는 여러 가지 다른 유형 정보의 중요도 평점 등

④ 사고빈도 : 서로 다른 운송수단에 따른 주행거리당 사상자의 수, 업종별 연간사망자의수 등

3) 연구기준의 요건

(1) 적절성 : 기준이 의도된 목적에 적당한지를 판단하는 정도

(2) 무오염성 : 측정하고자 하는 변수 이외에 다른 변수들의 영향을 받지 않도록 하는 것

(3) 신뢰성 : 시간이나 대표표본의 선정과 관계없이 반복적으로 실험을 했을 때 변수측정의 결과가 일관적이고 안정된 결과가 나타나는 것

(4) 민감도 : 기준에 의해서 나타나는 예상 차이점의 변별성

2. 연구의 절차

1) 연구절차 : 문제정의 → 계획 → 연구시행 → 분석 → 결과 및 해석

(1) 1단계 : 문제정의

(2) 2단계 : 계획

(3) 3단계 : 연구시행

(4) 4단계 : 분석

(5) 5단계 : 결과 및 해석

2) 인간공학적 연구방법

(1) 조사연구

① 사람 또는 집단의 성질에 관한 특성을 연구한다.

② 설계 결정의 기본이 되는 여러 가지 기초자료를 제공한다.

③ 해답을 제시하기에 앞서 문제의 크기와 범위를 평가하기 위해서 수행한다.

④ 변수가 다른 집단을 비교하기 위해 평균, 표준편차, 각 집단의 백분위수 등이 주 관심의 대상이 된다.

(2) 실험연구

① 어떤 변수가 행동에 미치는 영향과 그 영향의 방향을 시험하는 것이 목적이다.

② 실제상황 또는 변수 및 행동과 관련하여 생기는 설계문제를 기초로 조사할 변수와 측정할 행동을 결정한다.

③ 변수의 영향평가보다는 집단의 매개변수의 기술에 초점을 맞춘다.

④ 통계적 유의성: 자신이 연구에서 세운 귀무가설이 통계적인 신뢰수준의 범위에서 기각되는 경우 통계적으로 유의성을 갖는다. 일반적으로 통계의 신뢰수준은 95%와 99%를 기준으로 한다.

(3) 현장연구

① 실제현장에서 실험하고, 실험의 목적에 문제가 발생되지 않도록 최소한의 통제만을 해서 실험하는 방법이다.

② 피실험자로부터 자연스러운 상황에 실험을 해야 하는 경우에 적용된다.

③ 사실적이라는 장점이 있지만 변수통제가 어려운 단점도 있다.

(4) 모의실험

① 실험실에서 현장의 상황을 재현하고 변수를 통제하여 실험하는 방법이다.

② 현장연구에서 변수의 통제가 어렵기 때문에 이를 보완하는 방법으로 실험연구와 현장연구의 장점을 모두 가지고 있다.

③ 사실적인 상황을 구현하기 위해서 많은 비용이 들기 때문에 일반적으로 적용되기 힘들다.

(5) 평가연구

① 변수의 영향을 평가하는 관점에서 실험연구와 비슷하지만 평가대상이 시스템이나 제품인 것이 다른 점이다.

② 조사연구와 비슷하게 시스템이나 제품 사용자의 수행성능과 행동을 기술한다.

③ 인간공학 전문가들이 설계의 좋고 나쁨을 평가하고 수집한 정보에 기초해서 개선안을 제안하는 연구분야이다.

3) 연구배경의 선택

(1) 연구의 배경을 선택하기 위해서는 현실세계와 실험실 환경 중 어디에서 연구할 지를 결정해야 한다.

(2) 연구상황을 선택할 때에는 변수관리, 사실성, 실험참가자의 동기, 실험참가자의 안전문제 등을 고려해야 한다.

(3) 연구환경의 특징

표 1-1 연구환경의 특징

연구환경	장 점	단 점
실험실	변수조절이 가능함 정확한 데이터 구현이 가능	사실성이 결여됨
현장	사실성이 있음	변수조절이 불가능함 안전성이 결여됨 비용이 많이 듦
모의실험	변수조절이 가능함 사실성이 있음 정확한 데이터 구현이 가능	비용이 많이 듦 모형구축의 어려움이 있음

1.4 인간-기계시스템(Man-Machine System)

1. 시스템의 정의와 분류

1) 시스템(system)

(1) 정의 : 여러 가지의 구성요소들이 유기적으로 상호작용하여 특정한 목적을 달성하기 위한 기능을 하는 것을 말한다.

(2) 시스템의 특성

① 시스템은 정해진 환경 안에서 특정한 목적을 추구하며 계층적인 특징을 가지고 있다.

② 시스템의 요소는 서로 상호작용을 하며 각 요소의 기능을 수행한다.

③ 시스템의 각 요소는 입력정보로부터 입력된 내용을 통해 출력하는 역할을 한다.

2) 시스템의 요소 및 기능

(1) 입력정보(input) : 원하는 결과를 얻기 의해 필요한 재료 또는 정보를 말한다.

(2) 감지(sensing, 정보 수용): 인간은 시각, 청각, 촉각 등의 감각기관을 이용해서 감지하고, 기계는 전기적, 전자적, 화학적, 기계적 장치를 이용해서 감지한다.

(3) 정보처리 및 의사결정(information processing and decision) : 인간은 인지된 정보를 토대로 기억과 경험 등을 이용해서 의사결정을 하게 되며, 기계는 입력된 정보에 대한 처리를 하기 위해 개발된 정보처리 프로그램에 의해서 처리된다(인간의 정보처리 능력의 한계는 0.5초이다).

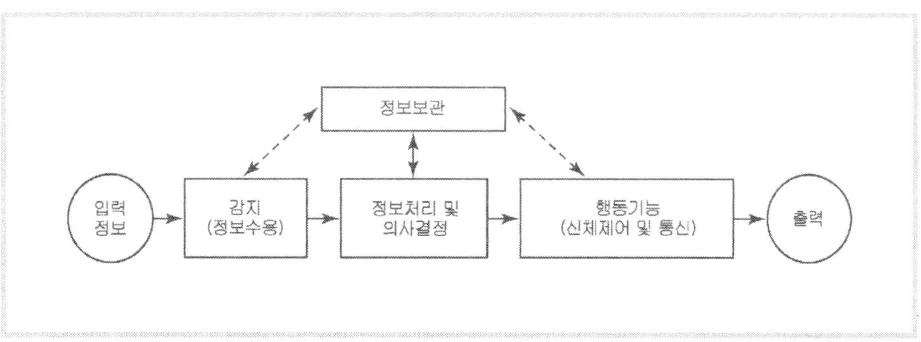

그림 1-1. 시스템의 기본기능

(4) 행동기능(action, 신체제어 및 통신) : 정보처리 및 의사결정을 통한 결과를 행동으로 실행하는 단계이다.

(5) 정보보관(information storage) : 입력정보와 출력의 사이에서 필요한 경우 정보를 보관하게 되는데 인간의 경우는 학습 등의 방법으로 정보를 보관하고, 기계는 하드디스크 · 램 · CD · 기록용 테이프 등을 사용해서 정보를 저장한다.

(6) 출력(output) : 입력정보를 이용해서 시스템의 목적에 부합하도록 성과물이나 결과물을 내놓는 것을 말한다.

3) 시스템의 분류

(1) 개회로 시스템(개방형 시스템, open circuit system) : 시스템이 작동된 이후에 더 이상 제어를 하는 것이 불가능하며, 정해진 절차만을 따르는 시스템을 말한다.

(2) 폐회로 시스템(폐쇄형 시스템, closed circuit system) : 시스템이 작동된 후에 출력정보에 대한 피드백(feedback)이 이루어져 목적에 정확한 출력이 되도록 제어하는 것이 가능한 시스템을 말한다.

2. 인간-기계 시스템

1) 정의 : 한 명 이상의 사람이 한 개 이상의 기계적 성분과 상호작용하여 정해진 목적을 달성하기 위한 시스템

2) 수동 시스템(manual system) : 수공구나 기타 보조물로 구성되며 인간을 동력원으로 해서 인간이 컨트롤하는 시스템이다.

3) 기계화 시스템(mechanical system) : 반자동 시스템이라고도 하며, 다양한 공작기계, 연삭기계 등과 같이 반복적으로 같은 작업을 수행하는 시스템을 말하며 기계를 동력원으로 해서 인간이 컨트롤하는 시스템이다.

4) 자동 시스템(automatic system) : 산업용 로봇 등과 같이 사람이 작업에 관여하지 않아도 모든 조작기능을 실행하는 시스템으로 이 시스템의 신뢰성이 완벽하다면 인간이 전혀 관여할 필요가 없어지지만 현실적으로는 불가능하다. 그러므로 인간은 주로 작업의 모니터링, 프로그램의 재 작성, 시스템의 유지 및 보수 등의 작업외적인 일을 담당하게 된다.

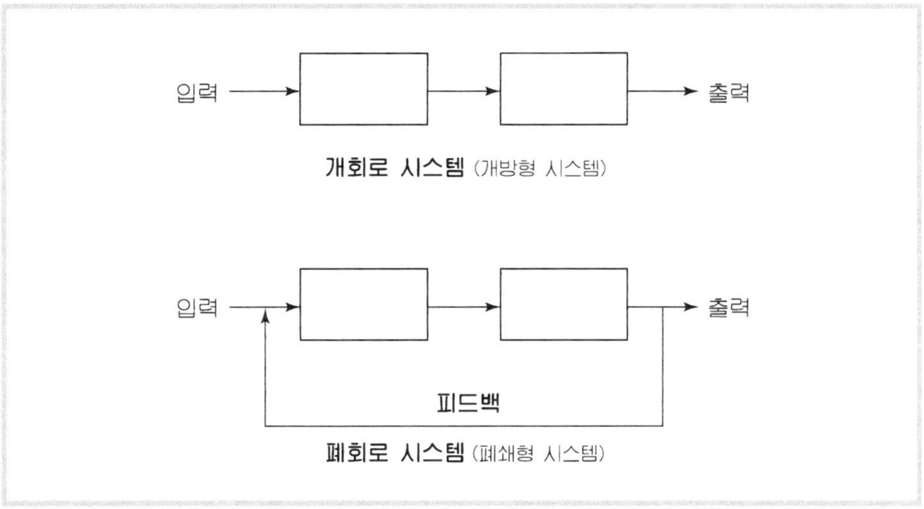

그림 1-2. 시스템의 분류

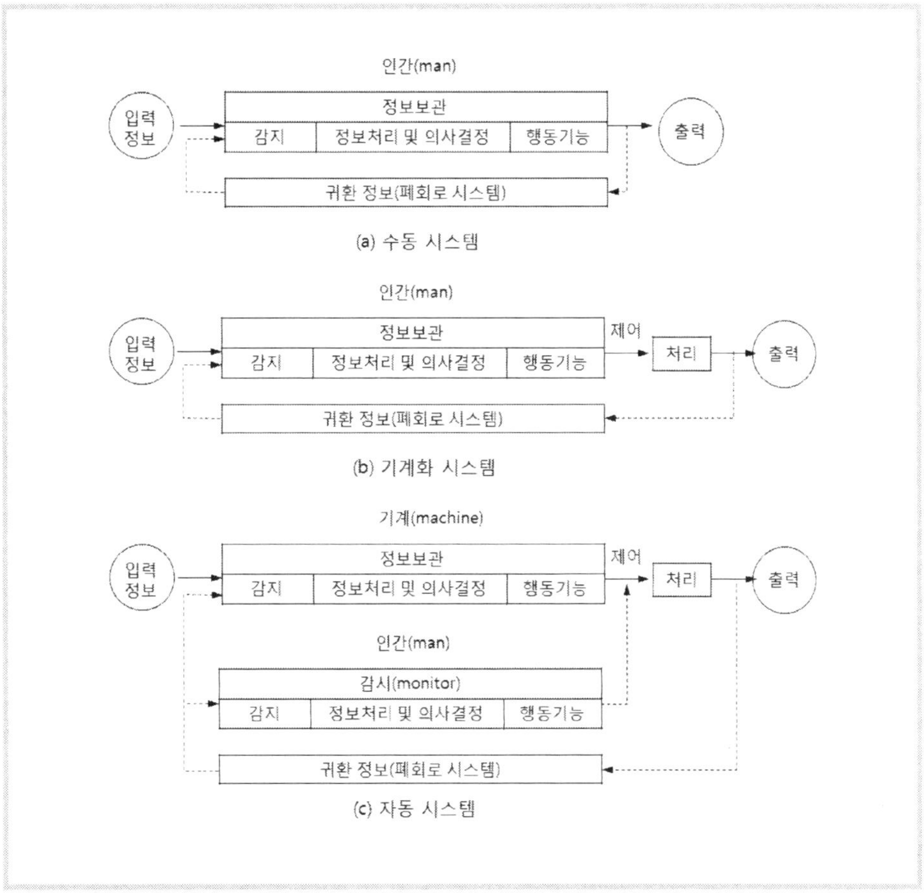

그림 1-3. 인간과 기계와의 관계

3. 인간기계 시스템의 특성

인간과 기계의 기능을 비교하는 목적은 상대적인 장점을 파악하고 최적의 기능 배분을 하여 최고의 성능을 확보하는 데 있다.

1)인간의 기능

인간은 시각, 청각, 촉각, 후각, 미각 등의 작은 자극도 감지하며, 소음 중의 변화한 자극도 탐지할 수 있다. 또한 각각으로 변화하는 자극 패턴을 인지할 수 있으며, 예를 들어 항공사진 중의 어떤 물체나 움직임 등이 있을 경우 예상하지 못한 자극을 탐지할 수 있다. 더불어 기억에서 적절한 정보를 산출하며, 결정 시에 여러 가지 경험을 꺼내 맞추게 된다. 인간 기능의 또 다른 장점으로는 모든 사항을 귀납적으로 추리할 수 있다는 점이며, 원리를 여러 문제 해결에 응용하고 주관적인 평가를 할 수 있다는 점과 새로운 해결책을 모색할 수 있는 사고를 지니며, 특히 조작이 다른 방식에도 몸으로 순응할 수 있다는 점이다. 그러나 인간 기능의 단점으로는 어떤 한정된 범위에서만 자극을 감지할 수 있다는 점과 드물게 일어나는 현상을 감지할 수 없다는 점이다. 또한 수 계산을 하는 데 한계성을 갖고 있으며, 신속하고 고도의 신뢰도를 통한 대량의 정보를 창출할 수 없다는 점이다. 더불어 운전 작업을 정확하게 일정한 힘으로 할 수 없다는 점과 자극에 신속하고도 일관된 반응을 할 수 없다는 점을 들 수 있다. 가장 큰 단점으로는 장시간 연속하여 기계처럼 작업을 수행할 수 없다는 점인데 이것은 피로에 의한 원인이라 생각한다.

표 1-2. 인간과 기계의 특성 비교

특성	인간의 장점	기계의 장점
자극	작은 수준의 자극을 감지	인간의 영역 외의 자극감지
식별	다양하고 복잡한 자극의 식별	모니터 기능
감지	예상치 못한 일에 대한 감지	미리 입력된 일에 대한 감지
기억	정보를 필요 시 회상	암호화된 정보의 대량저장
추리	귀납적 추리	연역적 추리
정보처리	원리를 기반으로 다양한 문제해결	프로그램 논리에 의한 정보처리
기타	융통성이 있음 다양한 의사결정 주관적인 평가를 함 독창성이 있음 선택적으로 주의집중을 함	과부하 시에도 효율적으로 작동함 장기간 작업이 가능함 반복적으로 여러 작업을 수행함 멀티태스킹(Multi tasking)이 가능함

2)기계의 기능

기계의 기능은 X선이나 전파 등과 같은 인간이 감지 못하는 것에도 반응할 수 있으며, 드물게 일어나는 현상을 감지할 수 있다는 점이다. 특히 신속하면서 대량의 정보를 기억할 수 있다는 점과 특정 프로그램에 대하여 수량적으로 정보를 처리하며, 입력 신호에 신속하고 일관된 반응을 할 수 있으며, 연역적인 추리를 할 수 있다는 점에서 인간의 기능과 다른 점이라 볼 수 있다. 또한 반복적인 동작을 확실히 할 수 있다는 점과 인간의 명령대로 작동하며, 동시에 여러 가지 활동을 할 수 있다는 것과 물리량을 셈하거나 측정하는 데 정확성을 기할 수 있다는 점을 장점으로 들 수 있다. 그러나 인간의 사고 기능과는 달리 미리 정해 놓은 활동만을 할 수 있으며, 학습을 한다든가 행동을 자유로이 할 수 없다는 점이다. 또한 추리를 하거나 주관적인 평가를 할 수 없으며, 즉석에서 적응하지 못하며, 기계에 적합한 부호화 된 정보만을 처리할 수 없다는 점이 큰 단점이다.

4. 안전설계

1) 정의 : 시스템에 결함이 발생하더라도 사고로 이어지지 않도록 하는 근본적인 안전설계이다.

2) 안전설계의 종류

(1) 풀-프루프(fool-proof) : 시스템의 사용자가 조작에 오류가 있거나 실수를 하더라도 사용자에게 문제가 발생되지 않도록 근본적으로 안전한 설계이다.

(2) 페일세이프(fail-safe) : 인간 또는 기계가 과오나 동작상의 실수가 있더라도 사고 또는 재해로 이어지지 않도록 2중, 3중으로 통제를 하는 근본적인 안전 설계이다.

5. 인터페이스(interface)의 개요

1) 정의 : 사물 간 또는 사물과 인간 간의 의사소통이 가능하도록 일시적 혹은 영속적인 접근을 목적으로 만들어진 물리적, 가상적 매개체를 말하며 대표적인 예로 컴퓨터가 있다.

2) 컴퓨터와 관련된 인터페이스

(1) 사용자 인터페이스

(2) 그래픽 사용자 인터페이스

(3) 입출력 인터페이스

(4) 네트워크 인터페이스

1.5 휴먼에러(human error)

1. 인간의 착오와 실수

1) 정의

(1) 시스템의 성능, 안전 또는 효율을 저하시키거나 감소시킬 잠재력을 갖고 있는 부적절 하거나 원하지 않는 인간의 결정이나 행동으로 허용범위를 벗어난 인간의 동작 중의 하나이다.

(2) 휴먼에러는 정해진 정확도, 순서, 시간 동안 지정된 행위를 하지 못하는 것이며, 그 결과 시스템의 성능과 출력에 부정적 역할을 초래하는 것이다.

2. 인간실수의 분류

1) 독립행동에 의한 분류 : 개별적 독립 행동(discrete action)에 관한 가장 간단한 분류법의 하나는 Swain과 Guttman이 사용한 방법이다.

① 누락 오류(omission error) : 자신의 과업 중에서 일부 또는 전부의 일을 빠뜨리고 하는 경우

② 작위 오류(commission error) : 자신의 과업을 수행하였지만 잘못된 수행을 한 경우

③ 순서 오류(sequence error) : 실제로는 작위 오류의 일종으로 잘못된 순서로 어떤 과업을 수행하는 경우

④ 시간 오류(timing error) : 실제로는 작위 오류의 일종으로 할당된 시간 안에 동작을 실행하지 못하거나 너무 빠르거나 또는 너무 느리게 실행한 경우

⑤ 불필요한 수행오류(extraneous error): 자신의 과업을 수행하면서 할 필요가 없는 과업을 수행하는 경우

2) 원인에 의한 분류 : 인간의 정보처리 수준에 의해 오류를 분류한 방법으로 Reason이 Rasmusen의 모델을 이용해서 분류한 방법이다.

① 숙련기반오류(skill-based error) : 무의식에 의한 행동, 행동 패턴에 의한 자동적 행동에 의해 발생하며, 대부분 실행과정에서의 에러이다

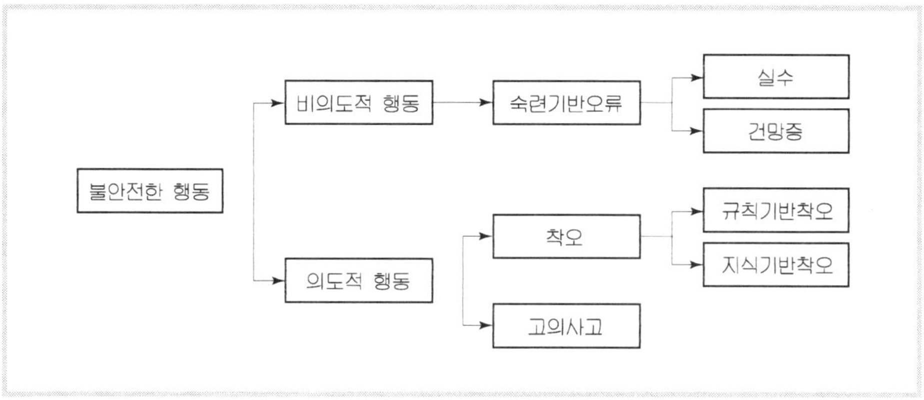

그림 1-4. Reason의 오류분류

② 규칙기반착오(rule-based mistake) : 친숙한 상황에 적용되며 저장된 규칙을 적용하는 행동에 의해 발생하며, 상황을 잘못 인식하여 발생하는 에러이다.

③ 지식기반착오(knowledge-based mistake) : 생소하고 특수한 상황에서 나타나는 행동에서 발생하며, 부적절한 추론이나 의사결정에 의해 발생하는 에러이다.

④ 고의사고(violation) : 에러가 발생할만한 문제가 없지만 의도적으로 에러를 발생시키는 경우이다.

3. 형태적 특성

1) 원인의 수준(level)적 분류

(1) 1차(primary error) 에러: 작업자 자신으로부터 발생한 에러

(2) 2차(secondary error) 에러: 작업형태나 작업조건 중에서 다른 문제가 생겨 그 때문에 필요한 사항을 실행할 수 없는 과오나 어떤 결함으로부터 파생하여 발생하는 에러

(3) 커맨드(command error) 에러: 요구된 것을 실행하고자 하여도 필요한 물건, 정보, 에너지 등의 공급이 없는 것처럼 작업자가 움직이려 해도 움직일 수 없으므로 발생하는 에러

2) 인간의 행동 과정을 통한 분류

(1) In put Error : 감지 결함

(2) Information processing Error : 정보처리 절차과오(착각)

(3) Decison making Error : 의사결정과오

(4) Out put Error : 출력과오

(5) Feed back Error : 제어과오

3) 대뇌정보처리 에러(Error)

(1) 인지 Miss: 작업정보의 입수에서 감각중추에서 하는 인지까지 일어난 것으로 확인 Miss도 이에 포함한다.

(2) 판단 Miss: 중추과정에서 일으키는 것으로 의지결정의 Miss나 기억에 관한 실패도 이에 포함된다.

(3) 동작 또는 조작의 Miss: 운동 중추에서 올바른 지령은 주어졌으나 동작도중에 Miss를 일으키는 것으로 좁은 의미의 조작 Miss를 말한다.

4) 휴먼에러의 배후요인 4요소(4M)

(1) 맨(man) : 본인 이외의 사람

(2) 머신(machine) : 장치나 기기 등의 물적 요인

(3) 미디어(Media) : 인간과 기계를 잇는 매체란 뜻으로 작업의 방법이나 순서, 작업정보의 실태나 환경과의 관계, 정리정돈 등이 포함된다.

(4) 매니지먼트(management) : 안전법규의 준수방법, 단속, 점검 관리 외에 지휘감독, 교육훈련 등이 여기에 속한다.

4. 인간실수 예방기법

1) 인간실수율 예측기법(THERP : Technique for Human Error Rate Prediction)

(1) THERP의 정의 : 인간의 과오(human error)를 정량적으로 평가하기 위하여 개발된 기법으로 인간과오의 분류시스템과 그 확률을 계산함으로써 원래 제품의 결함을 감소시키고, 사고의 원인 가운데 인간의 과오에 기인한 근원에 대한 분석 및 안전공학적 대책수립에 사용된다.

(2) 인간 과오의 예방기법으로는 설비, 작업 환경적 요인, 인적 요인, 관리 감독적 요인으로

들 수가 있다.

① 설비환경적 요인: 위험요인의 제거, 안전장치 및 경보 시스템의 활용, 풀-프루프(Fool Proof), 페일 세이프(fail safe) 등의 안전장치의 설계와 양립성(compatibility)과 시인성(visibility)등 인간공학적 설계원칙의 준수 등이 있다.

- fail safe : 인간 또는 기계가 과오나 동작상의 실수가 있더라도 사고 또는 재해로 이어지지 않도록 2중, 3중으로 통제를 하는 근본적인 안전 설계이다.
- fool proof : 시스템의 사용자가 조작에 오류가 있거나 실수를 하더라도 사용자에게 문제가 발생되지 않도록 근본적으로 안전한 설계이다.

② 인적 요인으로는 적성배치, 교육, 훈련, 작업 전 협의 등 위험예지 능력배양, 작업에 대한 모의 실험(simulation)

③ 안전 분위기 조성, 설비, 환경의 자발적인 개선, 소집단 활동의 활용, 지적확인 제도 등의 관리 방법의 적용

(3) THERP분석법

① 직무의 의존성: 완전독립(0%), 저(5%), 중(15%), 고(50%), 완전의존(100%)

② 직무의 의존성에 의해 B직무의 성공 또는 실패에 따른 A의 조건부확률을 구하는 방법

$$Prob\{A|B\} = (\%_{dep} \times 1.0 + (1 - \%_{dep})Prob\{A\})\ (Prob\{A\}$$

Prob{A|B}: B직무의 성공에 따른 A의 성공확률 또는 B직무의 실패에 따른 A의 실패확률

$\%_{dep}$: A와 B의 의존성

Prob{A} : A의 기초 HEP(인간 과오의 확률)

5. 성능의 신뢰도

1) 인간의 신뢰성 요인 : 인간의 신뢰도는 작업과 일이 시스템 운용에 관해 요구된 범위에서 요구되는 최소시간 내에 작업원에 의해 성공리에 완성될 확률로서 신뢰성 요인은 다음 과 같다.

(1) 주의력 : 인간의 주의력에는 넓이와 깊이가 있고 또한 내향성과 외향성이 있다.

(2) 긴장수준 : 긴장수준을 측정하는 방법으로 인체 에너지(energy)의 대사율, 체내 수분의 손실량 또는 흡기량의 억제도 등을 측정하는 방법이 가장 많이 사용되며, 긴장도를 측정

하는 방법으로 뇌파계를 사용할 수도 있다.

(3) 의식수준 : 인간의 의식수준은 다음 요소들에 의존된다.

① 경험연수 : 해당분야의 근무경력연수

② 지식수준 : 안전에 대한 교육 및 훈련을 포함한 안전에 대한 지식수준

③ 기술수준 : 생산 및 안전 기술의 정도

2) 기계의 신뢰성 요인

(1) 재질

(2) 기능

(3) 작동방법

3) 인간-기계체계의 신뢰도 (γ_1 : 인간, γ_2 : 기계)

(1) 직렬(series system)

R_S(신뢰도) = $\gamma_1 \times \gamma_2$ ($\gamma_1 < \gamma_2$로 보면 $R_S \leq \gamma_1$)

(2) 병렬(parallel system)

R_P(신뢰도) = $1-(1-\gamma_1)(1-\gamma_2)$ ($\gamma_1 < \gamma_2$로 보면 $R_P \geq \gamma_2$)

4) 설비의 신뢰도

(1) 직렬연결:자동차 운전

$$R_S = R_1 \cdot R_2 \cdot R_3 \cdot \cdot \cdot \cdot R_n = \prod_{t=1}^{n} R_t$$

(2) 병렬연결:열차나 항공기의 제어장치

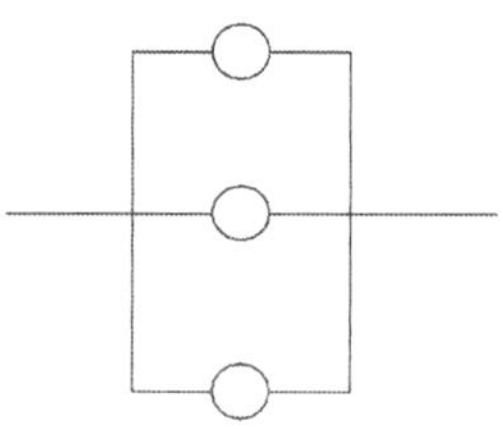

$$R_P = 1-(1-R_1)(1-R_2) \cdot \cdot \cdot \cdot (1-R_n) = 1-(1-\prod_{t=1}^{n} R_t)$$

6. 휴먼에러 예방 대책

1) 휴먼에러를 줄이기 위한 일반적 사항과 대책

(1) 작업자의 특성을 조사하여 부적격자를 배제함

(2) 가능한 한 많은 휴먼에러의 정보를 획득함

(3) 시각, 청각에 조건으로 정비함

(4) 오인하기 쉬운 조건 삭제함

(5) 오판하기 쉬운 방향성을 고려함

(6) 오판율을 적게 하기 위한 표시장치를 고려함

(7) 시간요소를 고려함

2) 인적 요인에 대책

(1) 작업에 대한 교육훈련과 작업 전, 후 회의

(2) 작업에 모의훈련

(3) 소집단 활동으로 인간실수에 관한 훈련 및 예방활동을 지속적으로 수행

(4) 숙달된 전문인력을 적재적소 부서에 배치함

3) 설비 및 작업환경적인 요인에 대책

(1) 위험 요인제거

(2) 풀-프루프(fool-proof), 페일 세이프(fail safe) 등의 적용

① 풀-프루프(fool-proof)

· 정의 : 시스템의 사용자가 조작에 오류가 있거나 실수를 하더라도 사용자에게 문제가 발생되지 않도록 근본적으로 안전한 설계이다. 그 예로는 동력 전달 장치의 덮개를 벗기면 운전이 정지된다, 승강기의 과부하 경보 장치, 크레인의 권과 방지장치, 카메라의 이중촬영방지기구 등이 있다.

· 풀-프루프의 원칙 : Good mapping (대응의 원칙), Visibility (가시성의 원칙), Feed back (피드백의 원칙), Restriction (사용의 제약)

② 페일 세이프(fail safe)

· 정의: 인간 또는 기계가 과오나 동작상의 실수가 있더라도 사고 또는 재해로 이어지지 않도록 2중, 3중으로 통제를 하는 근본적인 안전 설계이다.

· 페일세이프의 원칙: Redundant system (중복설계), Standby system (대기 시스템 설계), Error recovery (에러 복구)

· 페일세이프의 종류

(가) fail-passive: 시스템의 고장 시 기계가 정지하는 설계

(나) fail-active: 시스템의 고장 시 경보가 울리고 잠시 동안 운전이 가능한 설계

(다) fail-operational: 시스템의 고장 시 시스템을 보수 할 때까지 안전한 기능을 유지하도록 하는 설계

③ 대기체계(Standby system): 시스템의 일부에 문제가 발생하였을 때 문제가 발생된 부분을 대신 할 수 있는 설비가 갖추어져 있는 체계를 말한다.

④ 휴먼에러를 방지하기 위해 접근을 막는 방법

· 맞잠금(interlock): 불안전한 상황에서 접근할 경우 설비가 멈추도록 설계되어있는 것

· 안잠금(lock-in): 불안전한 상황에서는 외부에서 실행하는 것이 불가능하도록 안쪽에 잠금장치를 설계한 것

· 바깥잠금(lock-out): 불안전한 장소로 접근하는 것을 막기 위해 바깥쪽에 잠금장치를 설계한 것

(3) 인공지능, 예지정보 등을 활용하여 정보의 피드백

(4) 경보 시스템의 정비(예고경보, 비 과다정보 등)

(5) 대중 선호도 활용

(6) 인체 측정에 의한 인간공학적 설계함

(7) 시인성(색, 형태, 크기, 위치, 변화성, 나열 등)

4) 관리요인에 대책

(1) 안전에 대한 분위기 조성함

(2) 설비, 환경을 사전 개선함

CHAPTER 02

인체와 인체계측

제 2 장
인체와 인체계측

2.1 인체 구성 요소 및 특징

1. 인체의 구성요소

1) 세포(cell)

(1) 정의 : 인체를 구성하고 기능을 수행하는 최소의 단위로서 모든 생물체를 구성하는 구조적, 기능적인 최소단위를 말한다. 생물체의 종류에 따라서 모양과 크기가 다르며 기능에도 차이가 있다.

(2) 세포의 분류

① 근육세포 : 반추상을 띄고 있으며 근세포라고도 한다.

② 신경세포 : 체세포보다 크고 미토콘드리아, 중심체, 골지체 외에 신경원섬유나 니슬소체(Nissl body)로 구성되어 있으며 세포체라고도 한다.

③ 상피세포 : 인체의 표피나 체강 및 장기와 같은 기관의 안쪽을 싸고 있는 세포를 말한다.

④ 결합조직세포 : 결합조직의 섬유를 생산해내는 세포로 지방세포, 대식세포 등이 있다.

2) 조직(tissue)

(1) 정의 : 발생기원이 같은 세포들이 특수하게 분화(differentiation)하여 구조적, 기능적으로 집단을 형성한 것이다.

(2) 조직의 분류

① 근육조직 : 근육조직은 수축과 이완을 하는 긴 방추형의 세포들이 다발로 구성되어 있고, 이를 통해 신체의 이동 및 운동을 하게 된다. 그리고 다수의 근섬유와 결합조직으로 구성된 골격근, 심장의 벽에 중층을 이루고 있는 심근, 내장의 불수의 운동에 관여하는 내장근으로 구분된다.

② 신경조직 : 자극에 의해 발생한 신경흥분을 전달하는 뉴런과 여러 가지의 신경세포들로 구성되어 있고 몸의 각 부분을 기능적으로 연결하여 통합조절작용을 한다.

③ 상피조직 : 몸의 표면과 체강면 같은 기관의 표면이나 내면을 둘러싸고 있는 세포층으로 몸의 내부환경을 보호하고 내외 환경간의 물질이동을 조절하는 기능을 한다.

④ 결합조직 : 인체의 내부의 각종 세포와 조직 및 기관 사이를 채우고 이를 연결하여 지탱하는 역할을 하며, 형태와 기능이 다양하다.

3) 기관(organ)

(1) 정의 : 위, 간, 허파, 심장 등과 같이 여러 개의 조직들이 결합하여 특정한 작용을 하는 것을 말한다.

(2) 기관의 종류

① 실질성 기관 : 간이나 심장 등과 같이 장기의 내부에 조직들이 차있는 기관을 말한다.

② 유강성 기관 : 위나 방광처럼 내부가 비어 있는 기관을 말한다.

4) 기관계(organ system)

(1) 정의 : 공통적인 기능을 하는 여러 개의 기관들이 모여서 이루고 있는 집단을 말한다.

(2) 기관계의 종류

표 2-1. 기관계의 종류

기관계	대표적인 기관	기 능
근골격계	골격근, 평활근, 뼈	인체를 지지하고 운동에 관여함
관절계	관절낭, 활막, 활액	뼈와 뼈를 연결하여 운동이 가능하도록 함
소화계	입, 식도, 위, 창자	음식을 섭취하고 소화시켜 영양소를 흡수함
순환계	심장, 혈관, 혈액	호흡가스, 호르몬, 영양소 등을 운반함
호흡계	기도, 허파	외부로부터 가스를 교환함
신경계	뇌, 척수	외부의 자극을 감지하고 근육을 수축시켜 운동하는 역할을 함
감각계	피부, 땀샘, 털	체온을 조절, 외부의 자극을 수취하는 역할
내분비계	뇌하수체, 갑상선	조직과 기관을 조절하고 통제하며 호르몬을 분비함
비뇨계	신장, 방광	혈액 내에서 대사작용을 하고 오줌을 걸러내어 체외로 배설함
생식계	정소, 난소	남녀의 호르몬을 분비하고 성세포를 생산함

2. 인체 구성요소의 특징

1) 인체의 구분

(1) 체간부(trunk) : 몸의 중심을 이루는 부분으로 머리, 목, 가슴, 배, 엉덩이 등으로 구성되며, 내부에는 생명을 유지하는데 필요한 내장기관, 뇌, 척수 등을 수용하고 있다.

(2) 사지부(limb) : 사지(四肢)는 상지와 하지로 이루어져 있으며, 뼈 · 근육 · 혈관 · 신경 등으로 구성되어 있다. 상지는 상완, 전완, 손으로 나누어지며, 하지는 대퇴, 하퇴, 발로 구성된다.

2) 인체의 단면

(1) 시상면(sagittal plane) : 인체를 좌우로 양분하는 면으로 좌우대칭으로 나누는 면을 정중면이라고 한다.

(2) 관상면(coronal plane) : 인체를 전후로 나누는 면을 말한다.

(3) 횡단면(transverse plane) : 인체를 상하로 나누는 면을 말한다.

3) 인체의 위치

(1) 전측(anterior) : 몸의 앞쪽을 말한다.

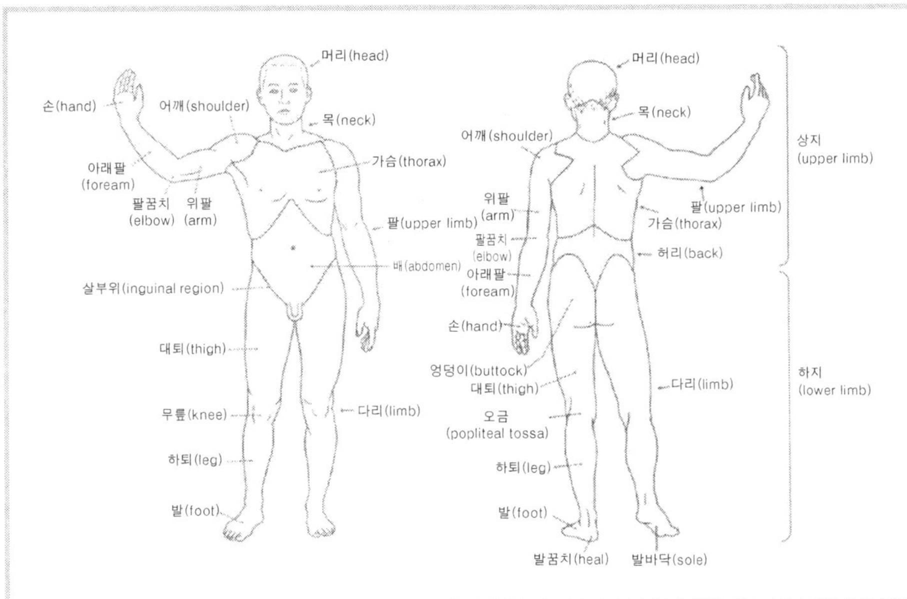

그림 2-1. 인체의 구분

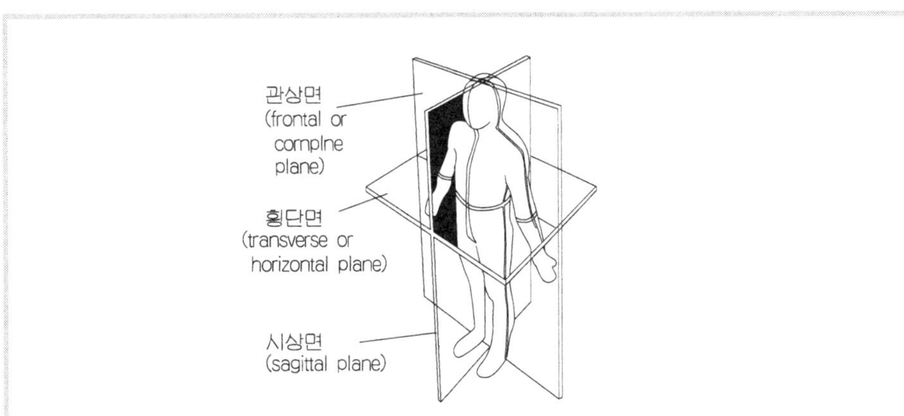

그림 2-2. 인체의 단면

(2) 후측(posterior) : 몸의 뒤쪽을 말한다.

(3) 내측(medial)) : 정중면에 가까운 위치를 말한다.

(4) 외측(lateral) : 정중면과 먼 위치를 말한다.

(5) 근위(proximal) : 인체의 중심으로부터 가까운 위치를 말한다.

(6) 원위(distal) : 인체의 중심으로부터 먼 위치를 말한다.

(7) 상부측(superior) : 머리쪽에 가까운 쪽을 말한다.

(8) 하부측(inferior) : 발쪽에 가까운 쪽을 말한다.

(9) 천부(superficial) : 인체나 장기의 표면에 가까운 쪽을 말한다.

(10) 심부(deep) : 인체나 장기의 표면에 깊은 부위를 말한다.

2.2 인체의 구조

1. 골격(skeletal)

1) **정의 :** 골격계는 뼈(bone), 연골(cartilage), 관절(joint), 인대(ligament)로 구성되며 골격을 이루는 주 요소는 뼈이다. 그리고 근육, 신경과 함께 인체운동을 이행하며, 인체의 기본구조를 이루고, 인체를 지탱하는 역할을 한다.

2) 뼈의 기능

(1) 인체의 외형을 유지하고 인체를 지지한다.

(2) 인체의 내부의 중요한 기관들을 보호한다.

(3) 체강을 형성하고 내부의 장기를 보호한다.

(4) 뼈의 안쪽에 위치해있는 유연한 조직인 골수는 조혈작용(혈액 속의 혈구를 만드는 과정)을 한다.

(5) 골격근을 수축시켜 이동 및 운동을 한다.

3) 뼈의 형태별 분류

(1) 장골(long bone) : 상완골, 요골, 척골, 경골, 대퇴골 등의 관상의 뼈로서 주로 사지의 뼈에서 볼 수 있다.

(2) 단골(short bone) : 척추골, 족근골, 수근골 등의 장골보다 짧은 뼈로서 형태가 매우 불규칙적이다.

(3) 평편골(flat bone) : 두개골, 견갑골, 골반 등의 납작하고 평편한 판상의 뼈를 말한다.

(4) 함기골(pneumatic bone) : 사골, 상악골 등의 뼈 속에 공기를 함유하는 강이 있는 뼈를 말한다.

4) 인체의 뼈

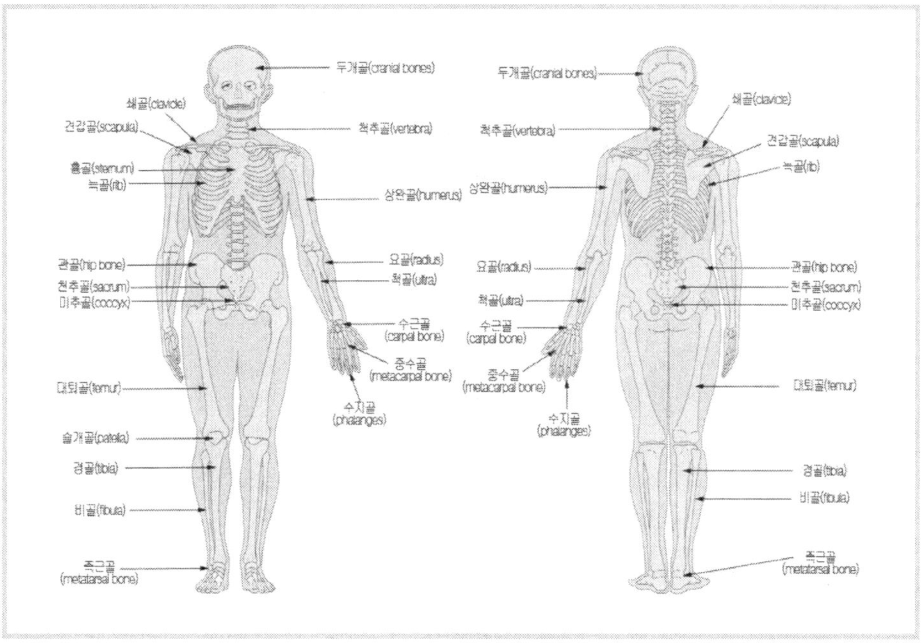

그림 2-3. 인체의 뼈(앞뒤)

(1) 인체의 뼈 : 인체는 총 206개의 뼈로 구성되어 있으며, 관절 등에 의하여 결합되어 있다. 또한 두개골(skull), 척추골(spine), 흉곽골(sternum)을 포함하는 몸통골격과 상지골(upper limb), 하지골(lower limb)을 포함하는 사지 골격으로 구성된다.

(2) 인체를 구성하는 뼈의 분류

① 두개골

뇌두개골(cranial bone)과 안면골(facial bone)로 나누어지고 총 15종 23개의 뼈로 구성되어 있다.

② 척추골

(가) 몸의 축을 이루는 골격으로 머리를 받치고 척수를 보호하며 사지와 다양한 근육들이 부착되는 위치를 제공하는 역할을 한다. 그림 2-4와 같이 척추의 구조는

다섯 가지의 형태의 33개의 추골로 구성되며, 경추(cervical vertebrae) 7개, 흉추(thoracic vertebrae) 12개, 요추(lumbar vertebrae) 5개, 천추(sacral vertebrae) 5개, 미추(coccygeal vertebrae) 4개로 구분된다.

(나) 척추골 사이에 있는 추간판은 섬유조직으로 젤리와 같은 모양의 수액이 들어있는 충격 흡수작용을 하지만 감당할 수 없는 압력이 가해지거나 혹사하게 되면 척추 뒤쪽으로 돌출하게 되는데 이를 추간판탈출증(디스크)이라고 한다.

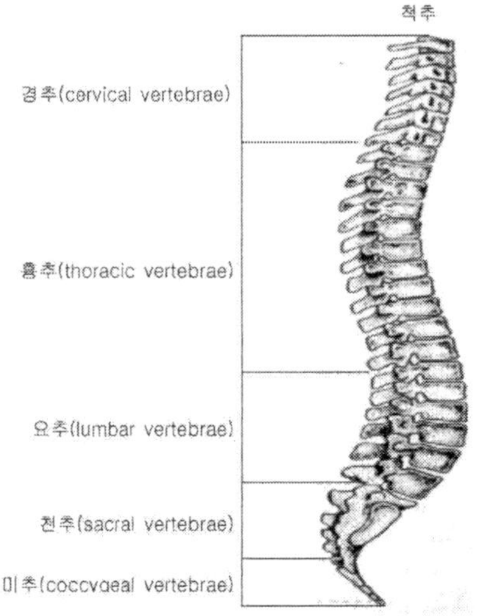

그림 2-4. 척추의 구조

③ 흉곽골

흉곽골은 12개의 흉추와 12개의 늑골, 1개의 흉골로 구성된 새장 모양의 골격으로 폐, 심장, 기관, 기관지, 식도 및 대혈관 등을 보호하는 역할을 하며, 흉곽에 부착된 근육들의 도움으로 호흡운동을 한다. 흉곽의 상부는 좁고 하부는 넓으며 하부는 횡격막으로 막혀있다.

④ 상지골

상지골은 좌 · 우 합하여 총 64개의 뼈로 구성되며, 크게 상지대와 상지로 구분된다.

⑤ 하지골

하지골은 좌우 양측이 합하여 총 62의 뼈로 구성되어있으며 하지대와 하지로 구성되어 있다.

2. 근육(muscle)

1) 정의 : 근세포들이 모여서 이루어진 조직을 말한다.

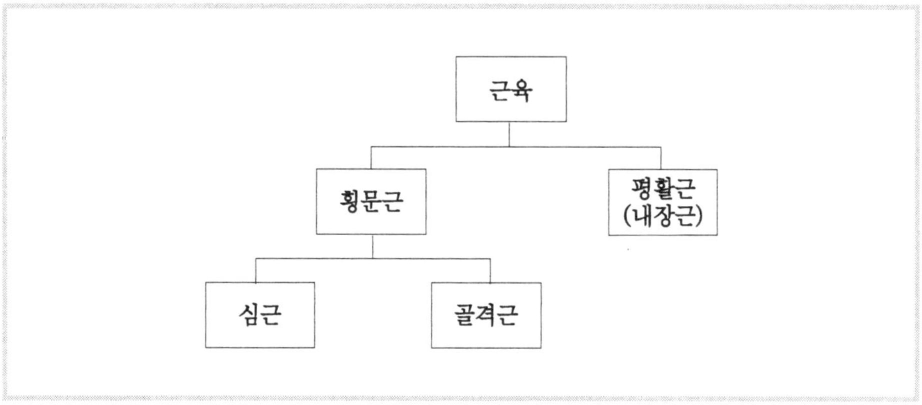

그림 2-5. 근육의 구조의 분류

2) 근육의 기능

(1) 인체에는 약 600개 정도의 근육으로 구성되어 있다.

(2) 수축성이 있어 화학적 에너지를 기계적 에너지로 바꾸어 준다.

(3) 근육의 수축을 통해서 인체를 움직이게 한다.

(4) 양단에는 건이 뼈에 붙어 있으며 근육이 작용하며 지렛대와 같은 작용을 한다.

3) 근육의 분류

(1) 횡문근(striated muscle) : 골격근과 심근으로 액틴과 미오신이 규칙적으로 배열되어 근섬유에 줄무늬를 이루고 있으며 중추신경계의 지배를 받는 수의근이다.

① 골격근(skeletal muscle) : 다핵의 많은 근섬유가 서로 길게 평행하게 놓여있으며 골격근의 수축으로 관절운동을 하고 인체를 움직이게 된다.

② 심근(cardiac muscle) : 심장을 이루는 횡문근으로 수축하여 혈액을 온몸으로 펌핑

한다. 근섬유는 단핵으로 짧다.

(2) 평활근(내장근, smooth muscle) : 소화관, 혈관, 내장에서 볼 수 있는 근육으로 내장근(visceral)이라고도 한다. 근섬유에 줄무늬가 없고 자율신경계의 지배를 받는 불수의근(involuntary muscle)으로 규칙적이며 완만한 수축을 한다.

(3) 근육의 작용에 의한 분류

① 주동근(agonist) : 인체의 움직임을 직접적으로 주도하는 근육이다.

② 길항근(antagonist) : 주동근의 움직임을 제어하는 역할을 하는 근육이다.

③ 협력근(synergist) : 주동근의 움직임을 도와주는 역할을 하는 근육이다.

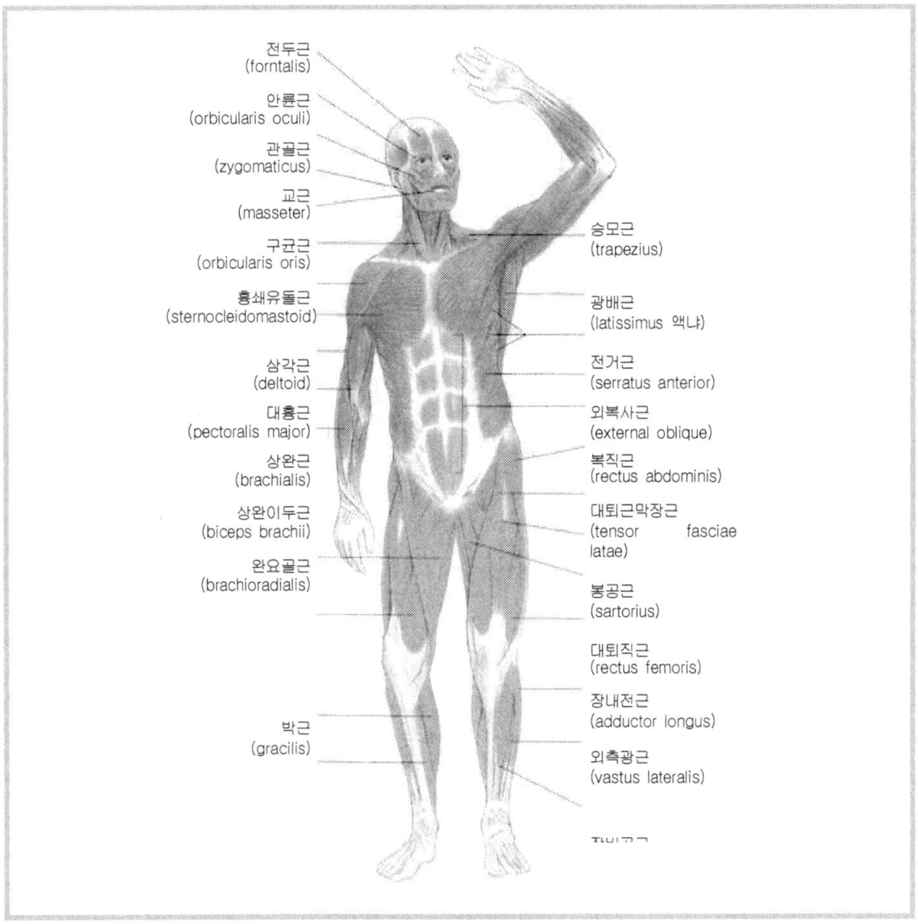

그림 2-6. 인체의 근육

4) 골격근(skeletal muscle)

(1) 정의 : 골격근은 횡문근 섬유다발로 이루어지며 외부는 근외막(epimysium) 또는 근막(fasica)으로 싸여있고 양쪽 끝은 건에 의해 뼈에 연결되어 있다. 근섬유와 이를 결합하는 결체조직으로 구성된다.

(2) 근육의 구조 및 수축

골격근을 이루는 근섬유의 길이는 150mm, 지름은 10100μ(미크론, 1μ=0.001mm)이며, 운동을 하면 근섬유가 발달하여 힘이 세어진다. 또한 근육은 자극을 받으면 수축하게 된다.

3. 관절(joint)

1) 정의 : 맞닿아 있는 뼈를 연결하고 뼈를 움직일 수 있게 한다. 관절은 관절두와 관절과의 형상에 따라서 운동범위가 제한되어 있는 부동성 관절과 운동이 자유로운 가동성 관절(윤활관절)로 나뉜다.

2) 부동성 관절(immovable joint)

(1) 섬유성 관절 : 두개골을 이루는 대부분의 편평골들을 서로 연결해서 뇌를 보호하는 역할을 하는 비운동성인 얇은 관절이다.

(2) 연골성 관절 : 척추골들간의 연결이나 늑골과 흉골간을 연결하며 유리질 연골로 연결되어 있어서 조금은 움직일 수 있으므로 어느 정도의 유연성을 갖는다.

(3) 활막관절 : 뼈와 뼈사이를 인대가 연결하여 관절낭을 이루어 활막강이라는 공간을 형성하며 그 내부가 활막으로 덮여있는 관절로 가장 자유롭게 움직일 수 있다.

3) 가동성 관절(synovial joint)

(1) 절구관절(condyloid joint) : 어깨관절, 대퇴관절처럼 관절의 머리는 공의 형태를 하고 있고 관절 오목은 컵 모양을 하고 있는 관절을 말한다.

(2) 경첩관절(hinge joint) : 팔꿈치관절, 손가락뼈관절처럼 관절머리와 관절오목이 부채꼴 모양을 띄고 있는 관절로 가로축을 기준으로 굴곡과 신전이 가능한 관절을 말한다.

(3) 차축관절(pivot joint) : 손가락에 낀 반지를 돌리듯이 세로축을 중심으로 회전운동이 일어나는 관절을 말한다.

(4) 안장관절(saddle joint) : 관절 머리와 관절오목이 말의 안장 모양을 띠고 있는 관절을 말한다.

(5) 타원관절(ellipsoid joint) : 손목뼈의 관절처럼 관절면이 타원체의 일부 형태를 하고 있는 관절을 말한다.

(6) 평면관절(plane joint) : 척추골의 관절돌기 사이 관절, 손목뼈 사이 관절처럼 양쪽의 관절면이 편평한 관절로서 미끄러지는 활주 운동만이 가능한 관절을 말한다.

4. 신경계(nervous system)

1) 신경계 : 외부의 자극에 의해 감각기관이 흥분하면 구심성 신경을 통해 중추부에 전달되고 감각을 느끼게 된다. 그리고 원심성 신경을 통해 그에 대한 적절한 반응을 하여 몸 전체에 조화된 행동을 조절하는 기관이다.

2) 신경계의 분류

(1) 중추신경계(central nervous system) : 뇌와 척수로 구성되며 말초로부터 전달된 감각정보를 받고 다시 말초신경을 통해서 적절한 반응을 전달하는 중추적인 신경이다. 신경세포가 특정한 부위에 집중되어있다.

(2) 말초신경계(peripheral nervous system) : 체성신경계(somatic nervous system)와 자율신경계(autonomic nervous system)로 구성되며 감각 정보를 중추신경계로 전달하는 감각신경과 중추신경계에서 몸의 각 부분으로 정보를 전달하는 운동신경을 말한다.

3) 중추신경계

(1) 뇌(brain) : 두개골 속에 위치하며 대뇌, 소뇌, 간뇌, 뇌간, 등으로 나누어진다.

① 대뇌 : 가장 고위의 중추로서 뇌의 대부분을 차지하며 좌우 두 개의 반구로 되어있다. 기억 · 판단 · 감정 등의 정신활동을 담당하는 기능을 한다.

② 소뇌 : 대뇌의 뒤쪽아래에 위치하고 있으며 대뇌와 마찬가지로 두 개의 반구로 되어있다. 근육 운동을 조절하고 몸의 균형을 유지하는 기능을 한다.

③ 간뇌 : 대뇌와 중뇌 사이에 위치하고 있으며 시상과 시상하부로 나누어진다. 체온을 조절하고 체액의 성분을 유지하는 역할을 한다.

④ 뇌간 : 간뇌의 아래에 위치하고 있으며 중뇌, 연수, 교뇌로 구성된다. 중뇌는 동공의 반사운동을 조절하는 기능을 하며, 연수는 폐, 소화기관, 심장 등의 운동을 조절한다.

(2) 척수(spinal cord) : 뇌에서 일어난 흥분을 말초신경으로 전달하고 말초신경의 자극을 뇌에 전달하는 역할을 한다. 척수는 자체에서 정보를 통합하고 처리하는 기능을 하며, 중요한 반사작용들은 대부분 척수에 의해 조절된다.

4) 말초신경계

(1) 체성신경계(somatic nervous system) : 주위의 환경에 따라서 자신의 의지대로 움직일 수 있는 신경이며 좌우 12쌍의 뇌신경과 좌우 31쌍의 척수신경으로 구성된다.

(2) 자율신경계(autonomic nervous system) : 인체 내부의 장기들처럼 자신의 의지대로 움직일 수 없는 신경이며 자율신경의 중추는 간뇌이기 때문에 대뇌의 직접적인 영향을 받지 않는다. 그리고 소화, 호흡, 생식, 순환, 분비 등의 생명을 유지하는데 필요한 작용을 한다.

5) 신경세포(뉴런 : Neuron)

(1) 정의 : 신경계의 구조적, 기능적 최소단위로서 온도의 변화나 접촉, 압력의 변화, 빛, 등에 의해 자극되어 흥분을 중추부에 전달하여 근육이 수축하거나 분비물을 분비하는 등의 반응을 일으킨다.

(2) 뉴런의 기능에 따른 분류

① 감각뉴런(affect neuron) : 중추부로 흥분을 전달하는 구심성 뉴런이다.

② 운동뉴런(effect neuron) : 중추의 흥분을 근육이나 내분비기관과 같은 반응기관으로 전달하는 원심성뉴런이다.

③ 연합뉴런(inter-neuron) : 척수와 뇌에 있으면서 감각뉴런과 운동뉴런 사이에서 흥

분을 중계한다.

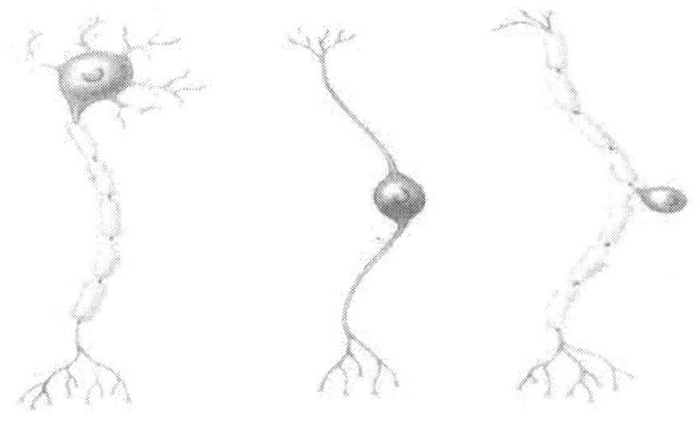

그림 2-7. 뉴런의 분류

2.3 신진 대사(Metabolism)

1. 근육의 구조 및 활동

1) 근육의 구조

(1) 정의 : 근세포들이 모여서 이루어진 조직으로 인체의 약 50%를 차지하며 근섬유(muscle fiber), 연결조직(connective tissue), 신경(nerves)으로 구성된다.

① 근섬유(muscle fiber) : 방추형의 다핵세포로서 섬유성 결합조직으로 이루어진 내막근으로 싸여있다. 또한 근섬유는 작은 근원섬유다발로 이루어져 있고, 근원섬유는 다시 수많은 근 필라멘트들로 구성되어있다.

② 연결조직(connective tissue) : 신경이나 혈관이 근육 속으로 드나들 수 있는 경로를 말한다.

③ 신경(nerves) : 신경세포는 근육의 길이나 긴장도에 관련된 정보에 관여하는 감각 신경과 근육활동에 관여하는 운동신경에 관련된 중추 신경으로부터 전해오는 임펄스를

근육에 전달한다.

(2) 근육의 수축 : 근육이 자극을 받으면 가는 액틴 필라멘트가 굵은 미오신 필라멘트 사이로 미끄러져 들어가며 근섬유가 수축하게 된다. 근육이 수축할 때에는 에너지가 필요한데 이러한 에너지는 ATP로부터 공급이 된다.

(3) 주동근과 길항근 : 근육의 운동을 주도하는 근육을 주동근이라고 하며 이에 반대되는 운동을 하는 근육을 길항근이라고 한다. 주동근이 수축하면 길항근은 수동적으로 신장을 하게 된다.

2) 근육의 활동

(1) 막전위차(membrane potential): 신경세포와 신경돌기 사이의 이온간의 전위차를 말하며, Na과 K의 농도 차이에 의해 형성된다. 세포막의 내외부의 양이온과 음이온이 같으면 휴지상태가 되며, 이 때 전위차가 약-70mV정도를 나타낸다.

(2) 활동전위차(action potential): 신경세포에 자극을 주면 자극을 받은 부위에서 Na과 K의 농도가 순간적으로 변하게 되며 이 때의 전위차를 말한다.

2. 대사(代謝, metabolism)

1) 대사작용(metabolism)

(1) 에너지대사(energy metabolism): 음식물을 섭취해서 인체에서 기계적인 일과 열로 전환하는 화학적 과정이다.

① 기계적인 일 : 외부적으로는 운동, 육체적 작업 등에 사용하며, 내부적으로는 호흡, 소화 등에 사용한다.

② 기계적인 열 : 외부로부터 발생된다.

③ 에너지원 : 당원으로 많은 수의 포도당 분자로 구성되며, 당원이 에너지로 전환하는 화학반응에서 산소가 부족할 때에는 젖산이 생성된다.

(2) 호흡의 대사과정

① 산소결핍(oxygen deficit) : 휴식을 하다가 작업을 시작하고 활동량이 많아지면 인체가 필요로 하는 산소의 양보다 많아지게 된다. 이때 발생하는 부족한 산소의 상태

를 말한다.

② 산소빚(oxygen debt): 산소결핍상태가 발생하고 꾸준한 활동을 하게 되면 일정시간이 된 후 안정상태가 된다. 하지만 인체의 활동을 마치고 나면 작업을 시작 했을 때 발생하는 산소 결핍의 양만큼 다시 산소를 필요로 하는데 이것을 산소빚 또는 산소부채라고 한다.

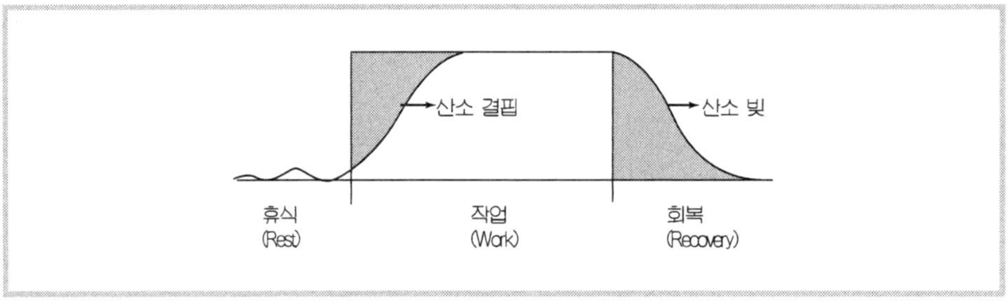

그림 2-8. 산소소비량 그래프

(3) 기초대사량(basal metabolism)

① 깨어 있을 때의 인체기능을 유지하는데 필요한 최저 에너지 대사량

② 성인 1,500 ~ 1,800 kcal/일

③ 기초 대사와 여유에 필요한 대사량은 약 2,300 kcal/일

(4) 안정시 대사량 : 작업자세가 안정되어 있을 때의 에너지 대사량. 일반적으로 식사 후 2시간 이상 경과시의 상태로써, 상온에서의 기초 대사량보다 20%정도 증가한다.

(5) 작업시 대사량

① 어떤 작업을 하고 있을 때의 작업에 소비되는 열량

② 호흡기에서 배출되는 탄산가스를 모두 흡수하는 장치(더글라스낭)를 사용하여 간접적으로 열량을 산출한다.

(6) 대사량의 측정법

① 직접 측정법 : 방열량을 측정하여 대사량을 측정하며, 안정 시 긴 시간의 대사량을 구할 때 사용한다.

② 간접 측정법 : 산소소비량 및 이산화탄소 배설량을 측정하여 체내에서 소비된 3대 영

양소의 양을 추산하여 대사량을 구하는 방법으로 개방식 측정법, 폐쇄식 측정법이 있다.

(7) 기초대사율(basal metabolism rate)

① 생명을 유지하는데 필요한 최소한의 시간당 에너지를 기초대사율이라고 한다. 기초대사량은 나이, 연령, 체중 등에 개인적인 요인에 따라서 차이가 있다.

② 성인 기초대사량 : 1500~1800 kcal/일

③ 기초대사량+여가대사량 : 2300 kcal/일

④ 일반적인 작업 시 에너지 소비량 : 4300 kcal/일

(8) 에너지대사율(RMR : Relative Metabolism Rate)

$$\text{① 에너지대사율(RMR)} = \frac{\text{작업시 에너지 대사량} - \text{안정시 에너지 대사량}}{\text{기초 대사량}}$$

$$= \frac{\text{작업대사량}}{\text{기초대사량}}$$

표 2-2. 작업강도에 따른 에너지대사율(RMR)

작업강도	RMR값
초중작업(매우 과격한 작업)	7이상
중작업(동작과 속도가 큰 작업)	4이상 7미만
보통작업(동작과 속도가 작은 작업)	2이상 4미만
경작업(앉아서 하는 작업)	1이상 2미만

(9) 젖산의 축적

① 활동 수준이 평상시의 혈액 순환으로 공급되는 산소 이상을 필요로 하는 경우에는 순환계통은 이에 맞추어 호흡수와 맥박수를 증가시켜 산소수요를 충족을 시킨다. 하지만 활동 수준이 너무 높으면 근육에 공급되는 산소량이 부족하여 혈액 중의 젖산이 축적된다.

② 젖산은 유기성 과정에 의해 물과 이산화탄소로 분해되어 발산된다.

③ 젖산을 누적시키면 결국 근육은 반응을 하지 않게 된다.

2.4 신체역학

1. 신체부위의 운동

그림 2-9. 인체부위의 동작유형

표 2-3. 인체부위의 동작유형의 특징

동작유형	내 용
굴곡(굽힘, flexion)	관절의 각도가 감소되는 동작
신전(폄, extension)	굴곡과 반대로 관절의 각도가 증가되는 동작
내전(모음, adduction)	인체의 중심선에 가까워지도록 이동하는 동작
외전(벌림, abduction)	인체의 중심선에 멀어지도록 이동하는 동작
내선 (안쪽돌림, medial rotation)	인체의 중심선에 가까워지도록 회전하는 동작
외선 (가쪽돌림, lateral rotation)	인체의 중심선에 멀어지도록 회전하는 동작
회내 (엎침, pronation)	손바닥이나 발바닥이 아래를 향하도록 해서 안쪽으로 회전하는 동작
회외 (뒤침, supination)	손바닥이나 발바닥이 위를 향하도록 바깥쪽으로 회전하는 동작
내번 (바닥굽힘, inversion)	손목, 발목의 관절이 안쪽으로 움직이는 동작
외번 (등쪽굽힘, eversion)	손목, 발목의 관절이 바깥쪽으로 움직이는 동작

1) 동작의 종류

(1) 위치동작 : 자동차 브레이크, 기계 스위치 개폐 등 손과 발 또는 몸 전체를 사용하는 동작으로 신체 부위의 이동 동작이다.

(2) 연속동작 : 자동차 핸들 조정, 페인트 작업, 바느질, 그림 그리기 등 변화하는 환경과 작업에 맞추어 나가며 근육을 통제하는 동작이다.

(3) 조작동작 : 속도계를 보고 작업행동을 조정하는 것으로, 숙련된 동작법이 요구된다.

(4) 계열동작 : 피아노 연주, 타이핑, 재봉틀 등 발과 손, 왼손과 오른손이 각각 다른 행동으로 작업하는 것이다.

(5) 반복동작 : 망치질과 같이 같은 행동을 반복해서 하는 작업이다.

(6) 정지 조정 동작 : 물체 들기 등 근육운동은 하지 않으나, 신체 일부를 어떤 상태로 유지해

두는 것으로 근육의 평형을 유지하는 동작이다.

2) 운동이론

(1) 동작 경제의 원리 : 동작을 합리화시켜 힘들지 않게 하는 것

① 두 손의 운동을 동시에 개시하고 동시에 끝낼 것.

② 휴식시간 이외는 손을 놀리지 말 것.

③ 주어진 일을 함에 있어 너무 세밀하게 일을 구분하지 말고 필요한 최소량에서 멈출 것.

④ 발이나 몸의 다른 신체부위로 하는 것이 좋은 일은 모두 손으로 하지 말 것.

⑤ 가능한 한 공작물은 부착기구나 바이스(vise)로 물게 하고 손이 닿는 범위 내에 둘 것.

⑥ 공구, 재료, 조작 부분 등은 되도록 조작원에게 가깝게 하며 손이 닿는 범위 내에 둘 것.

⑦ 작업 중에 서거나 앉기 쉽게 작업장소 및 의자의 높이를 조절해 둘 것.

⑧ 방향이 갑자기 변하는 직선적인 동작은 피하고 연속된 곡선에 따라 부드럽게 동작할 것.

⑨ 융통성 있고 자유로운 움직임이 빠르고 보다 정확하게 이루어 질 것.

⑩ 가능한 자연스럽고 부드러운 리듬을 탈 수 있도록 작업이나 물품을 수배해 둘 것.

⑪ 하나의 작업 매듭의 위치나 상태가 다음 작업의 시작에 편리하도록 되어야 함.

⑫ 동작의 범위를 최소로 줄일 것.

(2) 동작경제의 3원칙

① 동작범위의 최소화 ② 동작수의 조합화 ③ 동작순서의 합리화

(3) 운동과 속도의 관계

① 손의 수평운동은 수직운동보다 빠르다.

② 연속적인 곡선운동은 갑자기 여러 번 방향을 바꾸는 운동보다 빠르다.

③ 운동의 최대 속도는 보통 이동시키는 하중에 반비례한다.

④ 운동의 최대 속도에 이르는 데 필요한 시간은 하중에 비례하여 증가한다.

⑤ 운동을 시작하여 끝마치는 데 요하는 시간은 운동하는 거리에 관계없이 대체로 일정

(4) 동작의 합리화를 위한 역학적 조건

① 부하를 적게 한다.

② 물체의 안전성을 유지한다.

③ 충격력을 작게 한다.

④ 접촉면을 적게 하고, 인체 표면에 가해지는 힘을 적게 한다.

2. 신체 활동

1) 근력(muscular strength)

(1) 정의 : 한번의 수의적(voluntary)인 노력에 의하여 근육이 등척적(isometric)으로 낼 수 있는 힘의 최대치를 말하며, 흔히 압력계나 힘을 재는 장치로 측정한다.

(2) 근력의 분류 및 측정

① 정적 근력(static strength) : 인체가 정적인 상태와 등척성 수축이 일어날 때 발휘하는 힘으로써 근육이 낼 수 있는 최대의 힘을 발휘하고, 근육이 수축해도 길이는 변하지 않을 때의 근력을 말한다.

② 동적 근력(dynamic strength) : 물체를 들어올리는 작업과 같이 인체가 움직이면서 낼 수 있는 힘을 말한다. 동적 근력은 크게 두 가지로 나눌 수 있는데 관절이 일정한 속도로 운동하면서 근육이 수축되는 등속성수축(isokinetic contraction)과 근육의 길이가 변화하면서 발휘되는 힘으로 근육이 수축되는 등장성수축(isotonic contraction)이 있다.

(3) 근력에 영향을 미치는 요인

① 연령 : 근력은 일반적으로는 연령이 25~35세 일 때 최대근력을 발휘하며, 40대부터는 감소하기 시작한다.

② 성별 : 일반적으로 남성의 경우 체중의 40~45%가 근육인데 비해서 여성은 체중의 20~30%밖에 근육이 없다. 그리고 비슷한 조건에서 여성의 근력은 남성의 근력에 약 67%정도의 수준이다. 하지만 성별이 같은 경우에도 근력의 개인적인 차이는 크게 나타난다.

③ 기타 : 이외에도 동기유발, 측정방법, 개인의 건강상태 등에 따라서 달라질 수 있다.

2) 지구력(endurance)

(1) 정의 : 일정한 힘의 근력을 사용해서 계속적으로 그 힘을 유지할 수 있는 능력을 말한다.

유지시간은 부하와 근력비의 함수로 나타낸다.

(2) 지구력의 특징

① 지구력은 인체가 발휘할 수 있는 최대 근력에 반비례한다. 최대근력을 사용할 경우 매우 짧은 시간 동안 발휘하는 것도 어려우며, 최대근력에 15%이하를 사용할 경우에는 오랜 시간 동안 발휘할 수 있다.

② 반복적인 작업에서는 힘과 반복적인 주기의 조합에 의하여 근력의 지속시간이 달라진다.

③ 반복적으로 최대 동적 수축을 할 경우 유지할 수 있는 힘의 크기는 줄어들지만 동적 수축이 일정수준에 이르면 오랜 시간 유지할 수 있다.

2.5 신체활동의 에너지 소비

1. 에너지 소비량

1) 에너지 소비량 : 작업자가 작업을 수행할 때의 작업방법, 작업자세, 작업속도, 작업도구 등에 의해 에너지소비량은 달라진다. 에너지소비량은 분당칼로리 소모량에 의해 측정이 되며 단위는 kcal/min이다.

표 2-4. 작업강도에 따른 에너지소비량, 심박수, 산소소비량

작업등급	에너지소비량 (kcal/min)	심박수 (beat/min)	산소소비량 (liter/min)
휴식	1.5미만	60이상 70미만	0.3미만
매우 가벼운 작업	1.6이상 2.5미만	65이상 75미만	0.3이상 0.5미만
가벼운 작업	2.5이상 5.0미만	75이상 100미만	0.5이상 1.0미만
보통작업	5.0이상 7.5미만	100이상 125미만	1.0이상 1.5미만
힘든 작업	7.5이상 10.0미만	125이상 150미만	1.5이상 2.0미만
매우 힘든 작업	10.0이상 12.5미만	150이상 180미만	2.0이상 2.5미만
매우 과도하게 힘든 작업	12.5이상	180이상	2.5이상

2) **작업에 따른 등급 :** 표 2-10은 작업의 에너지소비량에 따라서 등급을 정의하고, 성인남자를 기준으로 할 때 심박수, 산소소비량을 나타낸 것이다.

3) 에너지소비량에 영향을 주는 요인

그림 2-10. 작업에 따른 에너지소비량(단위 : kcal/min)

(1) 작업방법 : 그림 2-5와 같이 특정한 작업을 할 때 작업의 방법에 따라서 에너지소비량은 달라진다. 그러므로 편안하고 좋은 자세로 작업하는 것이 에너지소비량 측면에서 효율적이다.

그림 2-11. 운반방법에 따른 상대적 산소요구량

(2) 작업자세 : 작업자세에 따라서도 에너지 소비량이 달라진다. 작업자가 허리를 굽히거나 다리를 쪼그린 상태로 장시간 작업을 할 경우 허리를 피거나 무릎을 꿇고 하는 작업에 비해 에너지 소비량이 많아진다.

(3) 작업속도 : 작업을 할 때 작업속도는 생리적 부하에 매우 큰 영향을 준다. 같은 작업을 할 경우에도 작업속도가 적당하면 장시간 동안 작업을 해도 에너지 소비량이 크지 않아서 생리적인 부하가 적지만 작업속도가 빠르면 생리적인 부하가 커지고, 심박수도 증가하여 에너지 소비량이 커지게 되며 장시간 작업을 지속하기 어렵다.

(4) 작업도구 : 작업에 사용되는 도구에 따라서 작업의 효율성이 달라지며, 작업의 자세나 방법에도 영향을 주기 때문에 적당한 작업도구를 사용하면 에너지소비량을 줄일 수 있다.

4) 작업효율 : 최적의 조건에서 작업을 할 경우 인간의 인체는 약 30%의 효율을 가지고 나머지 70%는 열로 변하게 된다.

$$\text{효율} = \frac{\text{한 일}}{\text{에너지소비}} \times 100(\%)$$

2. 에너지대사율과 작업강도

1) 육체적인 작업과 에너지대사율(RMR)

표 2-5. 육체적인 작업과 에너지대사율(RMR)

작업 구분	작업의 종류	에너지대사율 (RMR)
손가락 끝을 이용한 작업	타자수	0.7
	주판	0.7
	재봉틀	0.5
	전자계산기	0.4
	바느질	0.4
	천공수	0.4
손과 팔을 이용한 작업	재단작업	1.1
	연삭 작업	1.6
	소인작업	1.3
	선반작업	1.6

작업 구분	작업의 종류	에너지대사율 (RMR)
손과 팔을 이용한 작업	기관차운전	2.0
	크레인운전	1.7
팔과 몸통을 이용한 작업	모심기	3.6
	벼베기	5.9
	못박기	3.6
	주조작업	3.9
	아연판의 압연	5.5

2) 작업강도에 영향을 주는 요인

(1) 에너지소비

(2)작업속도

(3)작업의 정밀도

(4)작업 대상의 종류

(5)작업 자세

(6)위험성의 정도

(7)작업 범위

(8)주의집중의 정도

(9)총 작업시간

(10)작업의 제약성

2.6 신체활동의 측정

1. 신체활동과 스트레스

1) 인간은 활동을 할 때 다양한 요인에 의해 부적절한 고통이나 반응을 유발하는 스트레스를 받으며 스트레스의 결과로 스트레인을 받게 된다. 일반적으로는 스트레스와 스트레인을 구분하지 않고 모두 스트레스라고 표현하지만 실제로는 스트레스와 스트레인은 조금 차

이가 있는 용어이다.

2) 스트레스와 스트레인

(1) 스트레스(stress) : 인체에 작용하는 부적절한 상태, 상황, 작업 등의 이유로 인체의 내 · 외부로부터 인체에 가해지는 자극을 말한다. 이러한 스트레스의 요인은 표 2-6과 같다.

표 2-6. 스트레스의 요인

주원인	생리적 요인	심리적 요인
작업	중노동	정보의 과부하
	정적인 작업	경계
환경	대기	유해, 위험한 작업
	소음 및 진동	
	고온 및 저온	
생활리듬	수면의 부족	수면의 부족

(2) 스트레인(strain) : 스트레스로 인해서 신체에 발생되는 다양한 반응이나 변화를 말한다. 그리고 똑같은 스트레스라도 받아들이는 사람에 따라 생리적, 심리적으로 차이가 있기 때문에 스트레인은 개인적인 차이가 난다. 이러한 스트레인을 측정하는 척도는 표 2-7과 같다.

표 2-7. 스트레인을 측정하는 척도

생리적인 스트레인				심리적인 스트레인
화학적	전기적	신체적	활동	태도
혈액성분	근전도계(EMG)	혈압	작업속도	권태
오줌의 성분	심전도계(ECG)	심박수	실수	불안
산소소비량	뇌전도계(EEG)	부정맥	눈 깜박임 횟수	우울증
산소빚	안전도계(EOG)	박동량		근심
열량	전기피부반응기(GSR)	체온		
		호흡수		

2. 생체신호와 측정장비

1) **근전도계(EMG, electromyogram) :** 근세포가 흥분하여 수축 할 때 발생하는 미세한 활동전위차를 측정한 것으로 근육이 활동 상태나 중추신경의 지배 상태를 측정하는데 사용된다.

2) **심전도계(ECG, electrocardiogram) :** 심장이 수축과 확장을 할 때 일어나는 전기적인 변동을 측정한 것으로 심장의 박동주기 동안 심근의 전기적인 신호를 측정한 것이다.

3) **뇌전도계(EEG, electroencephalogram) :** 뇌의 신경세포들 간에 결합 형태나 활동에 의해서 발생한 전기적인 신호는 뇌 표면에서의 전극을 이용하여 측정한다.

4) **안전도계(EOG, electrooculograph) :** 안구의 움직임에 의해 발생되는 각막과 망막의 진위차를 측정한 것으로 안구의 상하좌우의 움직임을 모두 측정할 수 있다.

5) **전기피부반응기(GSR, Galvanic Skin Response) :** 인체는 긴장을 하거나 흥분을 할 때 그 정도에 따라서 발한되는 정도가 다르며 발한의 정도에 따라서 피부의 저항이 달라지며 이때의 반응을 측정한 것이다.

6) **심음 :** 심장의 박동 시 판막이 개폐하거나 혈류의 상태 변화에 의해 생기는 소리를 말한다.

2.7 생리적 부담 척도

1. 심장활동 측정

1) **심장활동의 측정 :** 심장의 활동은 정적인 작업이나 정신적인 작업에서는 크게 변하지 않지만 동적인 작업을 할 때는 민감하게 반응하기 때문에 심장활동을 측정하여 작업부하를 평가하는 척도로 사용된다.

2) **심장주기 :** 심장이 수축하고 이완하는 과정을 말한다. 심장의 활동은 크게 심실의 수축기와 이완기로 나누어지며 수축기는 심실이 수축하는 주기로 약 3초간 지속되며, 이완기는 심실이 이완하는 주기로 약 5초간 지속된다.

3) **심박수 :** 심장 주기의 횟수를 1분 동안 측정한 것을 말한다. 성인남성의 경우 일반적으로 안정된 상태에서 심박수는 60~80회 정도이다.

4) **심박출량 :** 심장이 수축하면서 심실에서 분출되는 분당 혈액의 양을 말한다. 성인남성의 경우

일반적으로 안정된 상태에서 심박출량는 약 5L이며, 평균적으로 회당 박출량은 70~80mL 정도이다.

5) **심전도 :** 심장주기 동안 심근의 전기적 신호를 피부에 전극을 부착하여 기계적인 신호로 바꾸어서 측정한 것을 말한다. 정상적인 경우에는 그림 04-1과 같이 P파, Q파, R파, S파, T파로 구분된 파형이 반복적으로 나타난다.

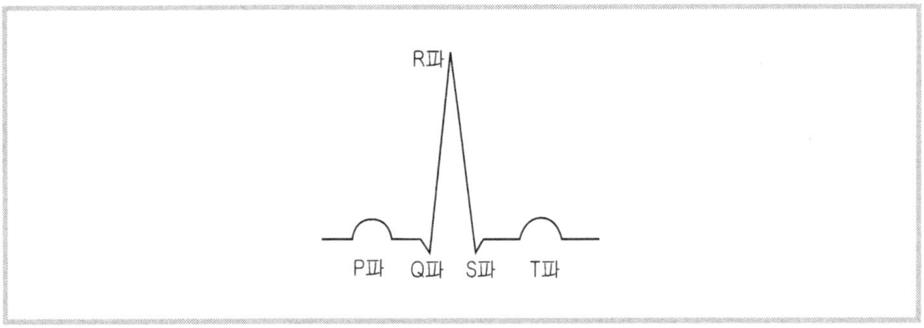

그림 2-12. 심전도의 파형

6) **심음 :** 심장의 박동 시 판막이 개폐하거나 혈류의 상태 변화에 의해 생기는 소리를 말한다.

2. 산소소비량

1) **정의 :** 신체가 호흡을 통해 분당 소비하는 산소의 양을 말하며, 호흡 및 순환계 등의 심폐기능에 대한 평가의 척도로 사용된다.

2) **산소소비량의 측정 :** 산소소비량은 피실험자의 호흡량을 더글라스낭, 대사측정기 등을 이용해서 측정하고 산소소비량을 측정하는 식을 이용해서 피실험자의 산소소비량을 측정할 수 있다.

3) **에너지소비량 :** 에너지소비량은 분당 산소소비량을 이용해서 측정을 할 수 있다. 작업자가 분당 1L의 산소를 소비하는 작업을 하였다면 이 작업자는 분당 5kcal의 에너지를 소비한 것이다. 그러므로 작업자가 하루 8시간 동안 이러한 작업을 하였다면 작업을 통해 2400kcal의 에너지를 소비한 것이 된다.

4) **최대 산소소비량 :** 개인이 시간당 흡입할 수 있는 최대의 산소소비량을 말하며 순환계, 호흡계, 땀 등에 의하여 달라질 수 있다. 최대 산소소비량을 측정하는 방법은 직접측정법과 간접

측정법이 있다.

(1) 직접측정법 : 피실험자를 상대로 피실험자가 최대의 부하일 때 산소소비량을 측정하는 방법으로 하루에 한번 측정하는 방법을 반복해서 측정한다. 이 방법은 복잡하고, 매우 많은 체력소모가 요구되므로 위험한 단점이 있지만 측정한 수치에 대한 정확성과 신뢰성이 높다.

(2) 간접측정법 : 피실험자를 대상으로 트레드밀(treadmill), 에르고메터(ergometer)를 이용해서 간접적으로 측정하는 방법이다. 이 방법은 직접측정법에 비해서 정확성이나 신뢰성이 떨어지지만 단순하고 위험성이 거의 없어 체력이 낮은 어린 아이, 노인 등에게 적용하기 용이하다.

3. 국소적 근육활동의 척도

1) 근전도(EMG) : 근육이 움직일 때 발생하는 미세한 전기적신호를 피부에 전극을 부착하여 기계적인 신호로 바꾸어서 측정한 것이다. 국소적인 근육이나 근육군에 대한 국소적인 활동을 정량적으로 측정하는 데 사용되며, 작업의 강도, 작업자의 피로도 등을 측정하는데 적당한 방법이다.

2) 근전도의 측정 및 응용

(1) 근전도의 측정: 측정하고자 하는 근육의 근위에 (+)전극을 붙이고, 원위에 (-)전극을 붙이며, 측정하고자 하는 근육과 관련이 없는 부위에 전극을 붙이고 측정을 한다. 측정된 결과는 파형, 진폭, 주파수 등을 분석하여 근육의 활동상황을 설명할 수 있다.

(2) 근육의 피로도 측정 : 근전도를 이용해서 근육의 전기적인 신호를 통해 간접적으로 측정이 가능하다. 측정방법은 근전도의 파워스펙트럼을 분석하면 정확하고 객관적인 방법으로 근육의 피로를 정량적으로 측정할 수 있다.

2.8 심리적 부담 척도

1. 정신활동 측정

1) 정신적 부하 : 개인에게 부과되는 작업에 대한 정보처리 요구량을 말한다. 정신적 부하는 개인마다 차이가 있으며 작업에 요구되는 능력의 차이로 나타날 수 있다.

2) 정신적 부하의 측정 목적

(1) 정신적 부하를 고려하여 작업자와 작업장비의 적당한 작업배정을 한다.

(2) 작업자가 하는 작업에 대한 난이도를 고려해서 각 작업자에게 적당한 작업을 배정한다.

(3) 작업의 부하에 따라서 작업의 부하가 커서 작업자가 하기 어려운 작업에 대해 작업자를 대신할 수 있는 장비 등의 배치를 고려한다.

(4) 작업의 부하를 고려해서 고급인력이 작업하기에 적당한 작업을 배치한다.

3) 정신적 활동에 대한 측정의 척도

(1) 부정맥지수

(2) 점멸융합주파수

(3) 뇌전도

(4) 전기피부반응

(5) 동공의 지름

(6) 눈꺼풀의 깜박거림

2. 부정맥지수

부정맥은 심박수가 급격히 빨라지거나 느려지는 등의 비정상적이고 불규칙적인 심장의 활동을 말한다. 심장활동의 불규칙성을 평가하는 척도로 맥박간의 표준편차, 병동계수 등과 같은 부정맥 지수를 사용한다. 일반적으로 정신적인 부하가 증가하는 경우에 부정맥 지수는 감소한다.

3. 점멸융합 주파수(Flicker Fusion Frequency : FFF)

깜박거리는 자극이 피실험자에게 일정한 속도로 제공될 때 피실험자가 느끼기에 깜박거림이 없이 연속적으로 제공되는 것처럼 보이는 주파수를 말한다. 이러한 점멸주파수는 피실험자의 정신적 피로의 상태와 밀접한 관련이 있기 때문에 정신적인 피로를 측정하는데 사용된다. 그리고 정신적으로 피로할수록 점멸융합주파수의 값은 감소한다.

4. 기타

1) 뇌전도(electroencephalogram) : 뇌에서 신경세포들이 결합하거나 활동할 때 발생하는 전기적신호를 피부에 전극을 부착하여 기계적인 신호로 바꾸어서 측정한 것이다. 정신적으로 긴장을 한 경우에는 뇌전도의 진폭은 작아지고 주파수는 높아진다. 일반적으로 뇌파라고 하기도 한다.

(1) 뇌전도(뇌파)

① α 파 : 명상을 하거나 편안한 휴식상태

② β 파 : 일상적인 상황에서 집중하는 상태

③ γ 파 : 흥분하거나 불안한 상태

④ θ 파 : 졸리거나 얕은 수면상태

⑤ δ 파 : 밤에 잘 때 발생하는 깊은 수면상태

2) 전기피부반응(GSR, Galvanic Skin Response) : 인체는 긴장을 하거나 흥분을 할 때 그 정도에 따라서 발한(發汗)되는 정도가 다르며 그 정도에 따라 피부의 저항이 달라진다. 그래서 스트레스로 인한 긴장이나 흥분의 정도를 측정하는 것이 가능하며, 대표적으로는 거짓말 탐지기 등으로 응용되기도 한다.

3) 동공(瞳孔)의 지름 : 동공의 크기는 정신적 피로와 관련이 있으며 정신적 부하를 측정할 때 사용된다.

4) 눈꺼풀의 깜박거림 : 눈꺼풀의 깜박거림은 정신적 피로와 관련이 있다. 정신적으로 피로할

수록 눈꺼풀을 깜박거리는 횟수가 감소하며, 장시간 동안 작업을 할 때 시간이 갈수록 더욱 심해진다.

2.9 인체 측정 및 작업 영역

1. 인체측정(anthropometry)

1) 정의 : 인간의 신체 각 부위별로 길이, 질량, 부피 등의 물리적인 특성을 측정하는 것이다.

2) 목적 : 일상생활에서 사용되는 의자, 책상, 선반, 작업대 등의 다양한 물건이나 제품뿐만 아니라 공간을 설계하는 데 적용되어 이용성이 좋도록 만드는 것이 목적이다.

2. 인체측정의 방법 및 원리

1) 정적 측정(static) : 구조적 인체측정(structural body dimension)이라고도 한다.

(1) 피측정자가 움직이지 않고 일정한 표준자세에서 마틴식 인체측정기를 사용하여 인체의 치수를 측정한다.

(2) 나체측정을 원칙으로 한다.

(3) 정적 측정의 결과는 제품 및 작업장을 설계 할 때 기초자료로 활용된다.

(4) 정적 인체측정 항목

표 2-8. 정적 인체측정항목

인체측정항목	설 명
가슴너비	복장뼈 가운데 점 수준에서의 수평거리
가슴둘레	복장뼈 가운데 점을 지나는 수평둘레
겨드랑이 높이	바닥 면에서 겨드랑이 점까지의 수직거리
눈높이	바닥 면에서 눈초리 점까지의 수직거리
몸무게	신체의 무게
무릎높이	바닥 면에서 정강뼈 위 점까지의 수직거리
손너비	손 안쪽 점에서 손 가쪽 점까지의 직선길이

인체측정항목	설 명
손둘레	손 안쪽 점과 손 가쪽 점을 지나는 둘레
손목둘레	손목 가쪽점을 지나는 둘레
앉은 눈높이	앉은 면에서 눈초리 점까지의 수직거리
앉은 무릎높이	바닥 면에서 무릎뼈 위 점까지의 수직거리
앉은 어깨높이	앉은 면에서 어깨 점까지의 수직거리
앉은 엉덩이 너비	엉덩이 또는 양쪽넙다리 사이의 최대수평거리
앉은 엉덩이 오금 수평길이	엉덩이 뒷부분을 수직판 표면에 접촉시킨 상태에서 수직판에서 앉은 오금 점까지의 수평거리
앉은 오금높이	바닥 면에서 앉은 오금 점까지의 수직거리
앉은키	앉은 면에서 머리마루 점까지의 수직거리
앉은 팔꿈치높이	앉은 면에서 팔꿈치아래 점까지의 수직거리
어깨높이	바닥 면에서 어깨 점까지의 수직거리
엉덩이 높이	바닥 면에서 엉덩이 돌출 점까지의 수직거리
키	바닥 면에서 머리마루 점까지의 수직거리
허리둘레	허리앞점, 허리옆점, 허리뒷점을 지나는 수평둘레

2) 동적 측정(dynamic) : 기능적 인체측정(functional body dimension)이라고도 한다.

(1) 피측정자가 움직이는 경우에 일정한 자세로부터 인체의 동작범위 등을 측정한다.

(2) 동적 측정치수를 사용하는 이유는 인체의 각 부위가 조화를 이루면서 움직이기 때문이다. 즉, 정적 측정만으로는 인간의 작업에 미치는 현실적인 치수를 구하기 어렵기 때문에 동적 측정을 한다.

(3) 동적 인체측정 항목

표 2-9. 동적 인체측정항목

동적측정항목	설 명
다리 굽힘 범위	오른쪽 고관절의 굽힘 각도
다리 벌림 범위	오른쪽 고관절의 벌림 각도
목 굽힘 범위	목의 굽힘 범위
목 폄 범위	목의 폄 범위

동적측정항목	설 명
몸통 굽힘 범위	몸통의 굽힘 각도
손목 굽힘 범위	오른손 손목의 굽힘 각도
손목 폄 범위	오른손 손목의 폄 각도
팔 굽힘 범위	오른손 어깨관절의 굽힘 각도
팔 폄 범위	오른손 어깨관절의 폄 각도
선 자세 정상작업공간싸개면	선 자세에서 팔의 3차원 공간범위(정면)
앉은 자세에서 팔의 정상 작업공간싸개면	앉은 자세에서 팔의 3차원 공간범위(정면)
앉은 자세에서 다리의 작업공간포락면	앉은 자세에서 다리의 3차원 공간범위

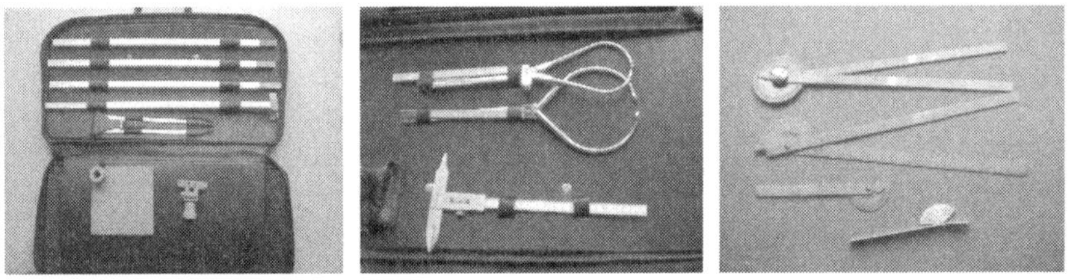

(a) 마틴식 인체측정기　　(b) 고니어메터

그림 2-13. 인체측정 장비

3) 정적 인체측정치수와 동적 인체측정치수의 관계(Kroemer, 1983)

(1) 키, 눈, 어깨, 엉덩이의 높이가 3%가 줄어든다.

(2) 작업 중에 팔꿈치를 들어올리면 팔꿈치의 높이가 정적인 상태보다 5% 증가한다.

(3) 앉은 무릎높이 또는 앉은 오금높이는 변화가 없다.

(4) 전방 및 측방 팔 길이는 편안한 상태로 있을 경우 30%가 줄어들고, 어깨와 몸통을 과도하게 돌리면 20%가 늘어난다.

2.10 인체 측정 자료의 응용원칙

1. 기본원리

제품을 설계할 때에는 제품을 사용하는 사용자 집단의 특성을 고려하여 설계하여야 하지만 설계의 대상이 일반적인 경우에는 다양한 사람들에게 적당하도록 설계하여야 된다.

2. 퍼센타일 (백분위 수, Percentiles)

대개의 인체측정 자료들은 퍼센타일로 나타내고 있다. 신체부위의 측정치를 100%를 최대 범주로 하여 최대와 최소의 퍼센트로 나타낸다. 퍼센타일이란 일정한 어떤 부위의 신체규격을 가진 사람들과 이보다 작은 사람들의 비율을 말하며, 특히 디자인의 특성에 따라서 5퍼센타일, 95퍼센타일을 주로 적용하고 있다.

1) 제50분위 수(50퍼센타일)는 그 그룹의 50%가 그 값보다 작고, 50%가 그 값보다 큰 치수이다.
2) 제95분위 수(95퍼센타일)는 그 그룹의 95%가 그 값보다 작고, 5%가 그 값보다 큰 치수이다.

3. 인체측정 자료의 응용원칙

1) 조절식 설계

(1) 장비나 설비를 설계할 때 다양한 사람들이 사용하기에 적당하도록 위치나 크기 등을 조절하여 사용하도록 설계하는 방법이다. 일반적으로 조절의 범위는 인체치수의 5% ~ 95% 사람이 사용가능하도록 설계한다. 대표적인 예로서 의자나 책상의 높이를 조절하는 것이 있다.

(2) 다수의 사람들이 사용하기에 편리하므로 이상적이라고 할 수 있지만, 조절식 설계를 할 경우에는 비용이 많이 들고 상대적으로 견고함이 떨어시는 단점이 있다.

2) 극단치를 이용한 설계

(1) 극단치를 이용한 설계는 최소치수를 고려한 경우와 최대치수를 고려한 경우가 있다. 최소치수는 전체의 1% 또는 5%에 해당하는 치수를 말하고, 최대치수는 95% 또는 99%에

해당하는 치수를 말한다.

(2) 최소치수를 고려한 경우는 최소치수의 사람이 수용할 수 있는 설계를 할 경우에 그 이상이 되는 사람의 이용에 문제가 없는 경우에 고려되는 방법이다. 대표적인 예로서 책상의 높이, 조작 버튼까지의 거리 등이 있다.

(3) 최대치수를 고려한 경우는 최대치수의 사람이 수용할 수 있는 설계를 할 경우에 그 이하가 되는 사람의 이용에 문제가 없는 경우에 고려되는 방법이다. 대표적인 예로서 출입구, 통로, 탈출구 등이 있다.

3) 평균치를 이용한 설계

(1) 설계되는 설비의 특성상 조절식이나 극단치를 이용한 설계가 불가능할 경우에는 평균치를 이용하여 설계하며 전체의 50%에 해당하는 치수를 말한다.

(2) 공공장소에 있는 설비와 같이 많은 사람들이 사용하고 사용시간이 길지 않은 설비나 물건을 설계할 경우에는 매우 크거나 작은 소수의 사람들이 불편을 느끼더라도 다수의 일반적인 사람을 고려해서 설계되어야 하며 이런 경우에 사용하는 방법이다. 대표적인 예로서 은행의 접수대 높이, 화장실 좌변기의 크기와 높이 등이 있다.

CHAPTER 03

척도와 인간공학

제 3 장
척도와 인간공학

3.1 척도와 인간행태

척도란 물체의 길이를 측정하기 위해 약속에 의하거나 제도적으로 정해진 단위, 또는 그 단위로 눈금을 새긴 자이다. 길이는 인간이 최초로 측정하기 시작한 양(量)이며, 처음에는 손 뼘, 팔꿈치까지의 길이, 손가락 길이, 양팔을 벌린 길이, 발 길이, 보폭(步幅) 등으로 직접 계측하였으나 차츰 막대기나 널빤지를 이용하면서 신체 부분의 길이까지도 단위로 정해 사용하게 되었다. 이러한 발전과정은 근대적 제도의 단위 명칭, 예를 들면 풋(foot, 발) 등이 현재까지 사용되고 있는 것만으로도 알 수 있다. 이후, 국가가 형성되면서 통일된 표준을 제정하게 되었고 척도는 제도로 정해졌다.

미터법은 국제적인 통일을 위해 제정되었으며 척도는 사물의 평가 기준을 의미하는 말로도 사용되고 있다.

서로 다른 공간과 사물은 서로 다른 인간 행태를 유발한다. 인체와 접촉하는 물리적인 사물의 크기는 부여된 기능을 원활히 수행할 수 있는 적절한 규모를 지녀야 한다. 즉 책상, 의자, 식탁 등의 크기는 인체 각 부분의 치수와 밀접한 관련을 갖는다. 단위 공간 및 사물의 규모산정을 위해서는 인체의 치수가 기본적으로 고려되어야 하며, 동시에 공간 및 사물의 기능이 고려된다.

1. 인간공학적 고려

인체의 구조 및 기능은 주거환경에서뿐만 아니라 인간과 접촉하는 모든 공간, 또는 도구의 설계에서도 고려되고 있다. 그러나 실제 디자인에 있어서는 키, 팔, 다리 등의 크기가 사람마다 다르기 때문에 유연성을 부여해야 한다.

현대는 일정한 규격의 제품이 양산 체제로 생산되므로 모든 사람에 맞는 제품을 만들기가 어렵다. 따라서 인체크기의 범위를 설정하고 그 범위에 적합한 제품규격의 범위를 설정해야 한다. 또한 개인차에 적응할 수 있는 유연성을 부여함은 제품설계에서 필수적인 고려사항이다.

2. 인체와 관련된 모듈(Module)

환경디자인이라 함은 인간의 행위를 담는 공간을 창조하는 것이다. 웨이드(Wade, 1977)는 디자인 작업을 다섯 요소로 설명하고 있다.

인간(person), 의도(purpose), 행위(behavior), 기능(function), 사물(object)의 다섯 요소로 나누고 이들의 연관된 작용이 설계의 필수적인 고려사항이라고 주장하고 있다. 의도는 인간과 인간의 행위를 연결시켜 주는 추상적 개념이며, 기능 역시 인간의 행위와 사물을 연결시켜 주는 추상적 개념이다.

인간이 일정한 환경 내에서 어떤 의도 또는 목적을 지녔을 때 그 의도는 행위로 나타나며, 그 행위는 행위의 특성, 즉 기능에 따라 적절한 사물에 의하여 지원받는다.

행위를 지원해 주는 사물은 손잡이, 의자, 책상과 같이 단순한 것으로부터 주택, 주거단지, 도시와 같이 다양한 기능을 포함하는 복합적 공간이 있다.

모듈은 이들 공간을 설계함에 있어서 이용되는 기본단위를 말한다.

즉, 여러 크기를 지닌 복합적 공간을 설계한 경우 공통으로 이용될 수 있는 일정한 최소단위를 설정하고 이의 배수로서 다양한 공간의 규모를 정하는 데 사용된다.

모듈은 인간의 생활이나 동작을 토대로 치수상의 기준 단위를 의미하며, 미터법과 같은 절대적인 단위가 아니라 상대적인 기준의 단위이다. 르 꼬르뷔지에(Le Corbusier)는 르 모듈러(Le Modular, 1951)에서 인체치수의 황금분할을 바탕으로 모듈러(Modular)라고 하는 설계 단위를 설정하여 적용하였다.

모듈은 구성재의 크기를 결정하기 위한 치수의 조직으로서 최소 단위를 설정하고 이의 배수로 다양한 규모를 정하는데 사용되며, 건축의 계획상, 생산상, 사용상 편리한 치수 측정 단위이다. 모듈상의 치수는 공칭치수를 의미하므로 제품치수는 공칭치수에서 줄눈두께를 제외하여야 한다.

1)종류

(1) 기본 모듈

기준 척도를 10cm로 하고, 이를 1M로 표시하여 모든 치수의 기준으로 한다.

(2) 복합 모듈

기본 모듈이 1M의 배수가 되는 모듈이며 건물 높이 방향의 기준은 2M(20cm), 건물 수평길이 방향의 기준은 3M(30cm)으로 한다.

(3) 기타

등차 수열적인 모듈, 등비 수열적인 모듈 등이 있다.

2)모듈의 사용방법

(1) 모든 치수는 1M(10cm)의 배수가 되도록 한다.

(2) 건물의 높이는 2M(20cm)의 배수가 되도록 한다.

(3) 건물의 수평길이 치수는 3M(30cm)의 배수가 되도록 한다.

(4) 모든 모듈상의 치수는 공칭 치수를 말한다. 따라서 제품 치수는 공칭 치수에서 줄눈 두께를 빼야 한다.

(5) 창호의 치수는 문틀과 벽 사이의 줄눈 중심선 간의 치수가 모듈 치수이어야 한다.

(6) 조립식 건물은 조립부재 줄눈의 중심 간의 거리가 모듈 치수에 일치해야 한다.

(7) 고층 라멘(Rahmen) 건물은 층 높이 및 기둥 중심거리가 모듈 치수이어야 하고, 장막벽(커튼 월) 등은 모든 모듈 제품의 사용이 가능해야 한다.

3. 건축의 척도 조정(Modular Coordination)

1) 목적

건물의 척도 조정(M.C : Modular Coordination)은 건축의 재료 및 구성재의 치수 조작으로 설계와 시공에 이르기까지 건축생산 전반에 걸쳐 치수상의 유기적 연계성을 만들어 내는 것을 의미한다.

구성재의 작은 부품에서부터 공간의 크기, 위치, 형태, 시공방법, 재료에 이르기까지 광범위하게 모듈의 치수체계를 갖고 각 단계마다 조정되므로 기술적 · 경제적 효용성이 강조되어 각 부재의 생산을 합리화시키고 시공비를 절감시킬 수 있다.

한편, 건축에서의 치수는 중심선을 기준으로 하는 방법과 안목치수를 기준으로 하는 방법으로 나눌 수 있는데, 유효너비는 가장 협소한 부분의 안목치수를 의미한다.

2) 건물 척도조정의 장 · 단점

(1)장점

① 현장 작업이 단순해지고 공기가 단축된다.

② 건축재의 취급 및 수송이 용이해진다.

③ 설계작업의 단순화로 노력의 낭비를 줄일 수 있다.

④ 건축제품의 대량생산이 용이하여 생산 비용을 낮출 수 있다.

⑤ 조립식이므로 동절기 공사가 가능하다.

⑥ 국제적인 M.C 사용으로 국제 교역이 용이하다.

(2)단점

① 건물이 개성을 상실하여 단조롭고 지루해질 가능성이 있다.

② 인간성을 상실하고 자유 창조성을 손상할 우려가 있다.

③ 건물 배색에 있어 신중을 기할 필요가 있다.

3.2 인간적 척도(Human Scale)

1. 상대적 크기

척도(scale)라 함은'상대적 크기'를 말하는 것이며, 인간적 척도라 함은 인간의 크기에 비하여 너무 적거나 너무 크지 않은 것을 말한다.

상대적인 크기라 함은 무엇과 비교하여 볼 때의 크기를 말하는 것으로서 무어와 알렌(Moore and Allen, 1976)은'무엇'에 해당되는 네 가지를 다음과 같이 언급한 바 있다.

① 전체와 비교하는 경우로, 전체 건물 크기에 대한 창문 혹은 입구의 크기를 예로 들 수 있다. 건물뿐만 아니라 벽으로 혹은 수목으로 둘러싸여 형성되는 전체 공간의 크기에 대한 가구, 조각 혹은 분수의 크기도 이에 해당된다.

② 부분과 비교하는 경우로, 전체건물 혹은 공간 내의 서로 다른 요소간의 상대적 크기를 말한다. 건물의 경우에 창문과 벽면의 상대적 크기를 예로 들 수 있으며, 공원에서와 분수와 광장의 상대적 크기를 예로 들 수 있다.

③ 보통의 크기와의 비교는 이미 많이 알고 있는 사물 혹은 공간의 크기와의 비교를 말한다. 소공원이라 하면 기존의 보통의 공원보다 작은 규모의 공원을 말한다.

④ 인간의 크기와의 비교는 주로 인간과 직접적인 접촉을 하는 사물 혹은 공간에 사용한다. 손잡이, 의자, 책상 등의 설계에서는 인체의 크기를 고려함이 필수적이다.

상대적인 크기를 이야기 할 경우, 기준이 되는 크기보다 작을 때는 소규모 (miniature scale), 클 때에는 대규모(super scale)라고 하며 기념물의 크기일 때에는 기념비적인 규모(monumental scale)라고 말한다. 기념비적인 규모라 함은 인간적인 규모를 넘는 매우 큰 규모를 말하는 것이 보통이지만, 엄밀히 말하면 크거나 작거나 관계없이 기념성을 나타내는 사물 또는 공간의 크기를 기념비적인 규모라 할 수 있다.

기념비적 규모는 그 형태가 기념적인 의미를 내포함으로써 비로소 성립된다.

즉, 매우 단순한 형태, 수직적인 형태, 혹은 문화적 의미를 지닌 형태를 갖추고 일정한 크기를 지녔을 때 비로소 기념비적인 규모라고 할 수 있다.

이와 비교하여, 인간적 척도라 함은 인간의 크기에 준하는 사물 혹은 공간의 규모를 말한다. 그러나 인간적 척도를 지닌 사물 혹은 공간의 크기가 정확하게 얼마라고 이야기 하기는 매우 어렵다.

이러한 어려움의 원인은 최소한 두 가지를 말할 수 있다. 첫째로, 인간 자신의 크기가 사람마다 다르므로 일괄적으로 인간적 척도를 말하기가 어려우며, 둘째로, 일정 건물 혹은 공간이 인간적 척도를 지녔을 때는 친근감을 느끼는 것이 보통인데, 사람마다 개인차 또는 문화적 배경에 따라 친근하게 느끼는 크기가 다르기 때문이다.

2. 친근감을 느끼는 척도와 규모

인간적 척도라 함은 보통 "친근감을 느낄 수 있는 규모"라고 말한다. 이러한 친하고 가까운 느낌을 느낀다 함은 그 대상을 이미 알고 있다는 의미를 함축하고 있다. 즉, 자신의 크기와 비교한 대상의 크기를, 자신의 크기의 몇 배가 되는지를 안다는 뜻이 된다. 그러므로 인간적 척도를 지니기 위해서는 일정 사물 혹은 공간이 너무 큰 규모여서는 안 된다.

인간은 인간 자신의 크기와 어느 정도 비슷할 경우에는 크기를 비교하기가 용이하지만, 자신의 크기보다 훨씬 클 경우에는 정확한 비교를 하기 힘들어진다. 따라서 인간적 척도가 되려면 인간 자신의 크기보다 너무 크지 않아 인간자신의 크기와의 비례관계를 쉽게 인지할 수 있는 규모이어야 한다.

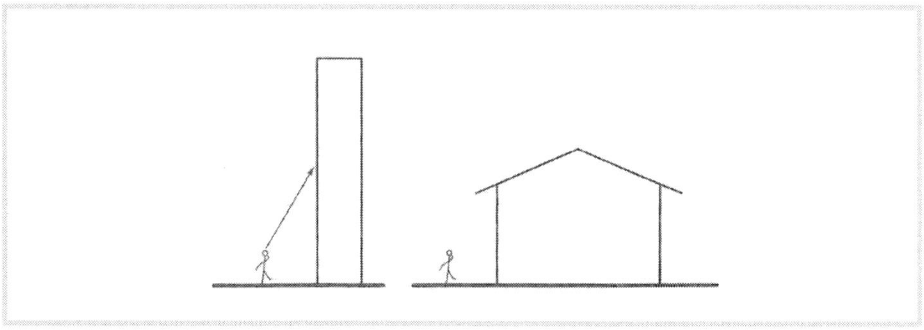

그림 3-1. 친근감을 느끼는 척도와 규모

또한 인간적 척도를 지닌 사물 혹은 공간이라도 인접할 때 느끼는 것이지, 너무 멀리 떨어져 있으면 친근감 혹은 인간적 척도를 느끼기보다는 전체 경관의 일부분으로서 경관의 특성을 느끼게 될 것이다.

즉 인간은 가까이 있을 때는 자신의 크기와 대상물의 크기와의 관계 파악이 쉬우나 너무 멀리 떨어져 있으면 크기의 관계 파악이 어려워진다.

따라서 인간적 척도이기 위해서는 대상물이 너무 멀리 떨어져 있지 않아서 자신과의 크기에 대한 관계 파악이 용이하여야 한다.

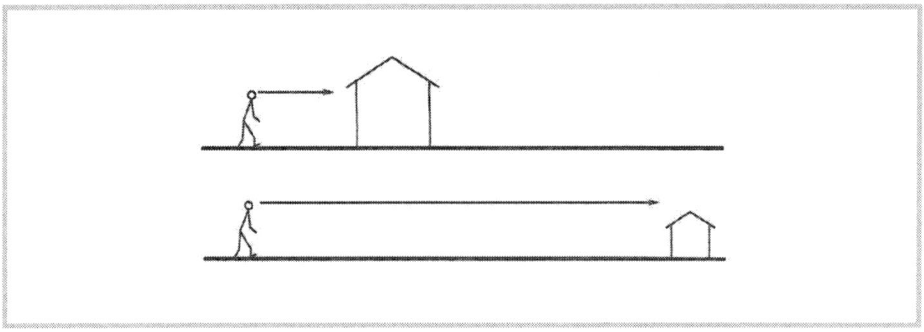

그림 3-2. 너무 멀리 떨어져 있는 대상물은 그 크기의 파악이 어렵다.

이상과 같이 인간적 척도이기 위해서는 크기 자체가 너무 커서는 안 되며, 관찰지점으로부터 너무 멀리 떨어지지 않도록 하여야 하며, 익숙한 크기의 사물을 대상물과 함께 배치하여 규모의 파악이 용이하도록 해야 한다. 이 밖에도 균형 있는 비례를 유지함으로써 조화성을 지니게 된다면 인간적 척도에 더욱 가까워질 수 있을 것이다.

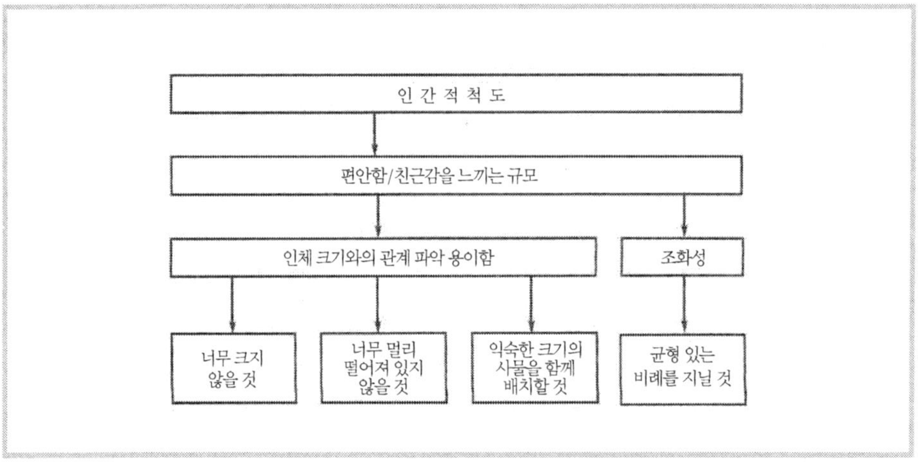

그림 3-3. 인간적 척도의 요건

3. 인간적 척도의 연구

인간적 척도는 인간이 그 크기를 파악할 수 있을 정도의 크기이어야 하지만, 그 크기가 구체적으로 얼마가 되어야 하는지를 말하기란 매우 어렵다. 따라서 인간적 척도의 판단은 주로 디자이

너들의 경험과 직관에 근거하여 디자이너 나름의 상이한 기준을 적용하는 것이 보통이다. 인간적 척도에 관한 보다 과학적이며 체계적인 근거를 마련하기 위해서는 디자이너 자신의 판단도 중요하겠으나 실제 이용자들인 일반 대중이 어떻게 느끼는 가를 조사할 필요가 있다.

인간적 척도는"친근감을 느끼는 규모"이다. 자신이 디자인하고자 하는 건물유형과 용도 등에 따라 "친근감"의 정도가 달라지므로, 이용자인 일반대중을 대상으로 공간에 따른 친근감의 정도를 분석하여 과학적이며 합리적인 디자인을 위한 기초를 마련할 필요가 있을 것이다.

3.3 인체의 비례관계

1. 비트루비우스(Marcus, Vitruvius Pollio)

비트루비우스(Marcus, Vitruvius Pollio, B.C. 83-?)는 정방형의 인간의 상징적 의미를 만들었다. 비트루비우스는 자신의 저서인「건축십서(The ten books of Architecture)」에서 비례에 관해 다음과 같이 정의하고 있다. 즉, 비례라 함은 모든 물체에 있어서 표준으로 추출된 어떤 부분의 전체에 대한 상응관계이다. 이 상응관계에 의해서 균제(symmetry)원칙이 생기는데 이 원칙에 의거하여 신전건축이 구성된다고 한다.

또한, 미의 원리를 '건물의 외관이 경쾌하고 우아하며 건물 각 부의 치수관계가 올바른 균제 비례를 이루고 있는 경우에 얻어지는 것이다'라고 말했다. 따라서 그는 고대의 건축물은 보통 황금비율을 이용하여 전체의 균형을 이루고 있는데 이러한 황금비례는 인간의 신체가 가지고 있는 비율로 양팔을 벌린 팔의 길이는 신장과 같으며 또한 다른 신체의 각 부위도 보통 일정한 비율로 구성되어 있다고 하고 있다. 그는 균제에 대하여 인체의 비례에 의해 설명하고 있다.

첫째, 인간의 신체치수는 간단한 비례를 형성한다. 안면은 턱에서 이마 위 머리카락이 있는 부분까지로 신장의 1/10이고, 머리는 턱에서 머리끝까지로 신장의 1/8이다.

둘째, 인체는 간단한 기하학적 도형에 들어맞는다. 사람이 손과 발을 펴고 드러누웠을 때 컴퍼스의 선단을 배꼽에 놓고서 원을 그리면 손과 발끝이 이 원주 선에 닿는다. 자연은 인체를 이처럼 전체적으로 비례에 맞추어 만들었으므로 신전 건축에서도 이런 인체의 비례에서 나오는 균제를 통해 건축되어야 한다고 설명하고 있다.

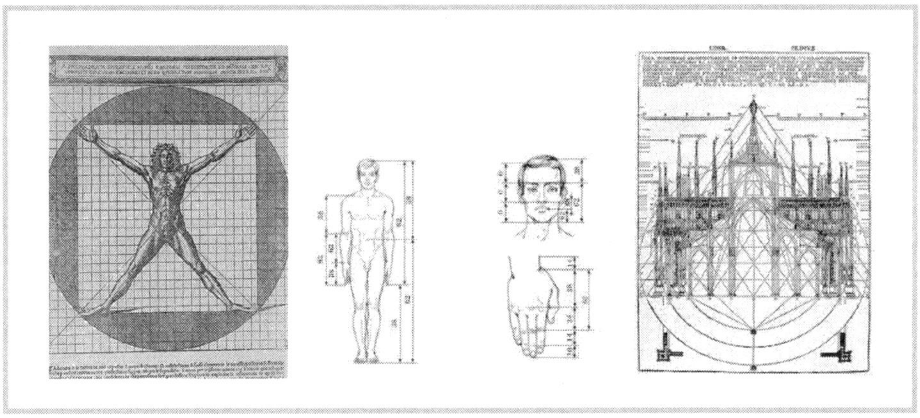

그림 3-4. 비트루비우스의 인체 및 건축비례 연구

2. 레오나르도 다빈치(Leonardo da Vinci)

화가이자 조각가, 건축가, 발명가, 과학자였던 레오나르도 다빈치(Leonardo da Vinci, 1452-1519)는 르네상스 시대의 정신과 영감의 기본을 인간에서 찾고자 하였다. 그는 인체비례론에 있어 대체로 비트루비우스를 따랐으며, 그의 인체측정학의 목표는 인체를 단순히 정적인 비례로 보기보다는 인간의 운동이론과 결합시키는 데 있다. 그는 해부학에 관심을 가져서 직접 해부한 것을 기록하였는데 먼저 뼈에 근육을 부착시키고 다음에 근육이 운동을 일으키는 모습을 보여주고 있다.

그는 인체의 비례에 관한 다양한 연구를 통하여 완벽한 기하학적 구조로서의 인간의 형태를 추구하고자 하였다.

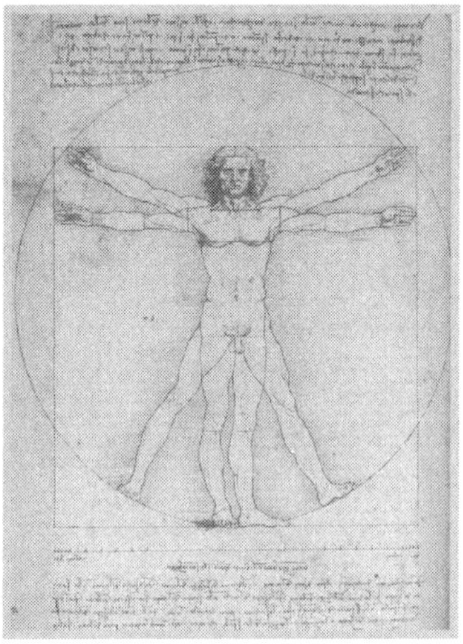

그림 3-5. 레오나르도 다빈치의 인체비례

3. 뒤러(Albrecht Dűrer)

뒤러(Albrecht Dűrer, 1471-1528)는 인체비례론을 학문적으로 성립하고 체계화하여 비례론을 절정에 이르게 하였다. 그는 인간의 신체를 기능적이고 구조적 완벽함과 질서와 체계를 갖춘 환상적인 구조로 치수단위를 발견했으며 후에 르 꼬르뷔제의 모듈에 영향을 주었다.

뒤러의 인체비례는 비트루비우스에 따라 머리길이는 신장의 1/8, 얼굴의 길이는 1/10, 가슴넓이는 1/4로 구분하였다.

뒤러는 인체에서 기하학을 발견하고자 하였으며, 뒤러 체계의 기하학적 도식은 인체의 비례를 과학적 영역으로 발전시켜 비례론의 미적 규범을 창조하였다.

4. 팔라디오(Andrea Palladio)

팔라디오(Andrea Palladio, 1508-1580)는 음계적 비례와 수를 통해 수학적 비례와 기하학을 만들었으며, 이를 이론적 바탕으로 건축작품에 잘 나타내고 있다.

팔라디오의 빌라들은 그의 기하학을 잘 보여주고 있다. 1550년에 세워진 빌라 티에네(Villa Thiene)로부터 1561-6년에 완성된 빌라 피사니(Villa Pissani), 그리고 빌라 로툰다(Villa Rotonda)에 이르기까지 11개의 전형적인 빌라 평면들을 분석하면 결국 하나의 기하학적 방식에서 파생된 것임을 알 수 있는데 그 중에서도 빌라 로툰다의 평면은 이러한 기하학적 이론을 가장 완벽하게 구현하였다.

빌라 로툰다의 평면에 나타나는 기하학적 특성은 중심을 점유하고 있는 원과, 건물의 실체를 결정하는 윤곽으로서의 정사각형이 있다. 또 정사각형과 원 사이에 크기가 다른 두 종류의 직사각형의 방들이 배치되어 있으며, 4면에는 4개의 정사각형 로지아가 부착되어 있다.

원, 정사각형, 직사각형 등의 간단한 기본도형의 조합에 의하여 평면구성은 이전의 기하학적 형태에 주어지는 상징적 의미를 표현하고 있다. 즉, 이전의 기본도형에 대한 비례관계를 더 조직적이고 위계적인 방법으로 건축평면에 반영하였다.

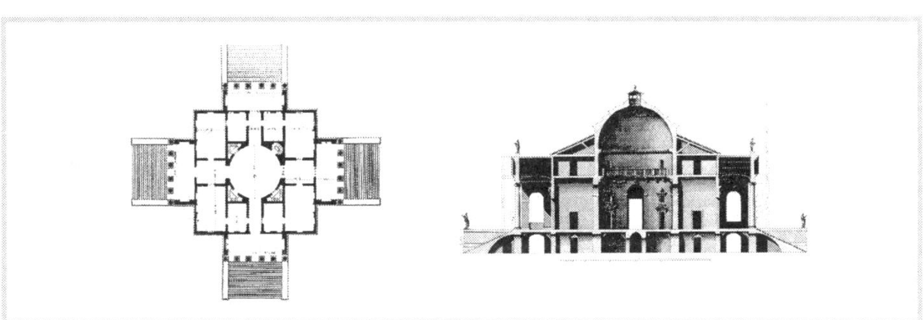

그림 3-6. 빌라 로툰다의 평면 및 단면

5. 르 꼬르뷔제(Le Corbusier)

르 꼬르뷔제(Le Corbusier, 1887-1965)는 공간의 크기를 계량하는 기본으로서 인간의 신체를 분석하였다. 이러한 인간의 신체를 척도로 하여 수학적 원리와 기하학적 원리에 근거하여 건축치수의 표준으로 1960년 을 위한 ISO회의에서 인간척도 체계인 모듈러(Le moduler)를 제안하였다. 이는 특히, 건축의 공업 생산화에 큰 기여를 하였는데, 이를 사용함으로써 공기를 단축 하였으며, 대량생산으로 인한 재료비 절감과 현장작업의 단순화를 이룩하였다. 그러나 이러한 모듈의 공업 생산화에 응용함으로써 전체적인 의장이 획일화되고 특히 색채나 장식면에서 조절이 어렵다는 것 또한 단점으로 지적되고 있다.

그는 모듈러를 "인체의 치수와 수학과의 결합에서 만들어진 것은 계량하는 도구"이며, 인체뿐만이 아니라 "광장에서 책꽂이에 이르기까지 어떠한 디자인에도 적용할 수 있는 척도"라고 설명하였다.

그는 공간의 크기를 계량하는 척도로서, 자연스럽게 손을 올린 인간을 택하였다. 이를 분석해보면 자연스럽게 손을 올린 인간의 신체를 2등분하는 점이 배꼽의 위치가 되며, 배꼽에서 머리끝까지, 머리끝에서 손끝까지의 3등분의 상호관계는 황금비(1:1.618)를 갖게 된다.

르 꼬르뷔제는 인체에서 찾은 '모듈러'라는 조화로운 척도를 마르세이유의 미슈레 대로변에 건설된 아파트에 실험적으로 적용하였다. 1945년 설계에 착수하여 7년 후인 1952년에 완공된 이 아파트는 26개의 공동시설과 두 개의 상점가를 중심으로 모두 1,600명이 거주할 수 있는 대규모 아파트이다.

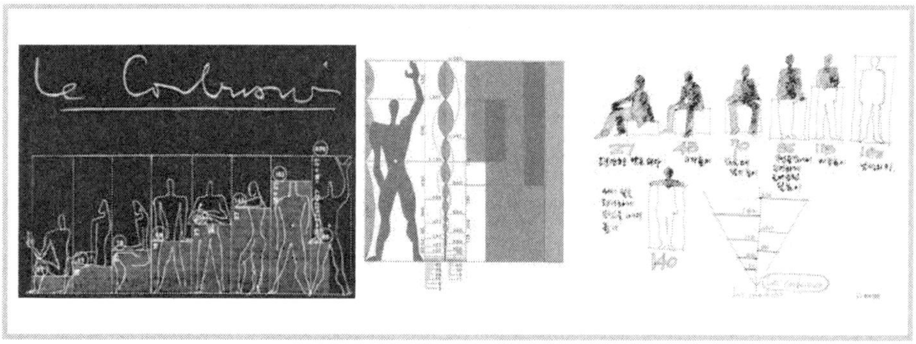

그림 3-7. 르꼬르뷔제의 인체비례 연구

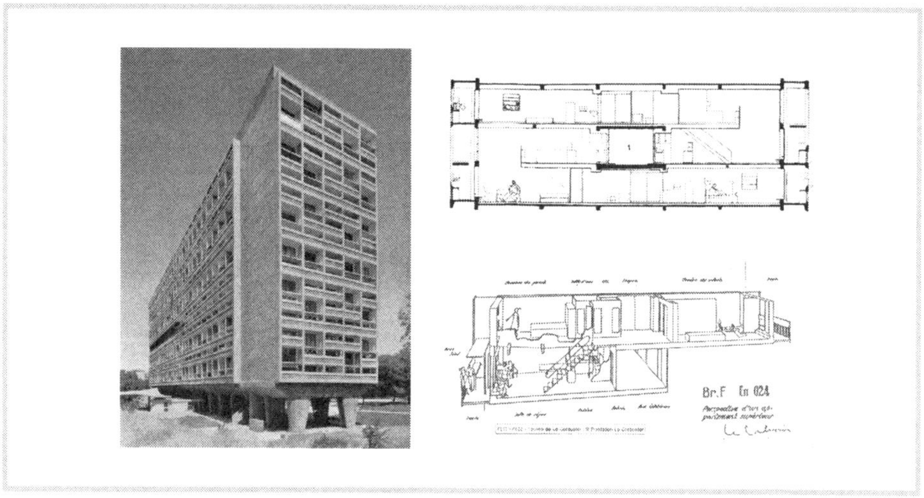

그림 3-8. 유니테 다비타시옹(Unité d'Habitation) 아파트 외관 및 단면

3.4 인체 측정 치수

1. 인체 측정 치수

척도로서 가장 우선적인 도구는 신체라고 할 수 있다. 인간은 자신의 감각을 이용해서 사물의 존재를 먼저 지각하고 그것을 신체로 평가한다. 따라서 인간의 신체는 인간 척도의 도구이며 공간과 대화하는 수단이 되는 것이다.

작은 의미에서 인간 척도란 인간의 신체로 형태를 가진 외피를 파악하고 가늠할 수 있는 척도이며, 큰 의미에서는 인간과 환경이 대화를 나누는 도구인 것이다.

이러한 인간 척도를 파악하기 위해서는 인체 측정 치수가 필요하며, 측정 치수의 종류에는 표준 자세에서 움직이지 않는 피 측정자의 인체를 측정하는 구조적(정적)치수와 움직이는 자세의 피(被)측정자의 인체를 측정하는 기능적(역동적)치수로 구분할 수 있다.

또한 여러 분야의 인체 측정 방법으로는 인체에 적합한 기계를 제작하려는 의도로 인체를 분석하는 인체 공학적 측정과 단지 인체의 형태에 치중하여 각 부위의 길이, 둘레, 나비, 무게 등을 측정하는 생태학적(형태학적)측정이 있으며, 또한 인체 각 구조의 운동 기능으로부터 생활 현상까지 관찰하여 측정하는 생리학적 측정 방법 등을 들 수 있다.

2. 인체 측정에 있어서의 적용 원칙

1)최소 집단치 설계(도달 거리에 관련된 설계)

선반의 높이, 조절 장치의 거리 등과 같이 도달거리에 관련된 것들은 5퍼센타일(percentile)을 사용한다.

2)최대 집단치 설계(여유 공간에 관련된 설계)

문, 탈출구, 통로와 같은 여유공간과 관련된 것들은 95퍼센타일(percentile)을 사용하며, 보다 많은 사람들을 만족시킬 수 있는 설계가 되는 것이다.

3)평균치 설계

특정한 장비나 설비의 경우 최소 집단치나 최대 집단치를 기준으로 설계하는 것이 부적합하고도 조절식으로 하기에도 부적절한 경우에 있어서 부득이하게 평균치를 기준으로 설계해야 하는 경우가 있다.

3.5 단위공간의 계획

1. 높이와 인간행태

1) 의자와 탁자

① 해변가, 수영장 등에서 휴식 등을 취하기 위한 의자는 높이가 24cm 정도로서 가장 낮다. 인체를 지지하는 수평면의 길이는 가장 길며 등받이는 수평면에 가장 가깝게 기울어져 있다. 이 경우는 앉기보다는 드러눕는다는 표현이 오히려 적절한 것이다. 가장 정적인 형태를 위한 것이다.

② 소파 등의 안락의자는 일상적인 담화 혹은 TV 시청 등을 위한 것으로서 높이가 33-36cm 정도이다. 인체를 지지하는 수평면 길이는 앞서의 경우보다 짧아지며 등받이는 수직선에 가까워진다. 이런 유형의 의자에는 팔걸이가 부착되는 것이 보통이다. 이와 함께 사용되는 탁자의 높이는 39-42cm 정도이다.

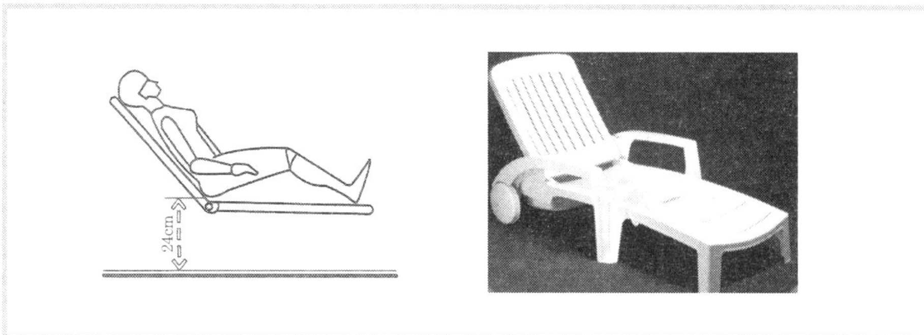

그림 3-9. 해변가 의자

그림 3-10. 안락의자

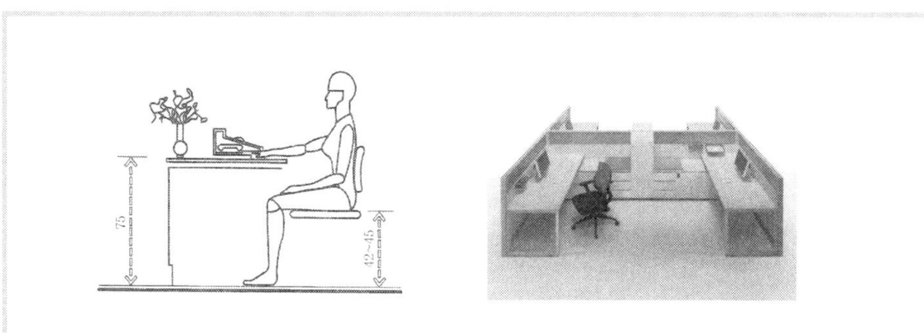

그림 3-11. 사무용 의자

③ 사무용 혹은 식탁의 의자는 높이가 42-45cm 정도로서 수평면의 길이는 더욱 짧아지며 등받이는 거의 수직에 가까워진다. 글을 쓰거나 타이프를 치는 등 비교적 정밀한 작업을 하는데 사용된다, 야외용 벤치의 높이는 휴식의 기능을 가지므로 사무용 의자보다 다소 낮아서 39-42cm 정도로 한다. 짧은 시간 동안의 체재를 위한 경우에는 등받이가 없는 경우

도 있다. 사무용 의자와 함께 사용되는 탁자의 높이는 75cm 정도로서 의자에 앉아서 팔이 자연스럽게 놓여지는 높이이다.

④ 작업용 의자는 45-48 cm 정도이며, 제도용 의자가 이에 속한다. 이 높이는 무릎부터 발까지의 길이보다 길어서 중간에 발받이를 설치하는 것이 보통이다. 이와 함께 이용되는 탁자는 78-81cm 정도로서 경사면을 지닌 제도용 테이블, 또는 주방의 조리대가 이에 속한다. 이 높이의 탁자는 앉았을 경우 손바닥이 탁자 위에 자연스럽게 놓이게 되며 보다 동적인 작업을 할 수 있다.

이 높이는 주방의 경우와 같이 서서 작업하기에도 적당한 높이라 할 수 있다.

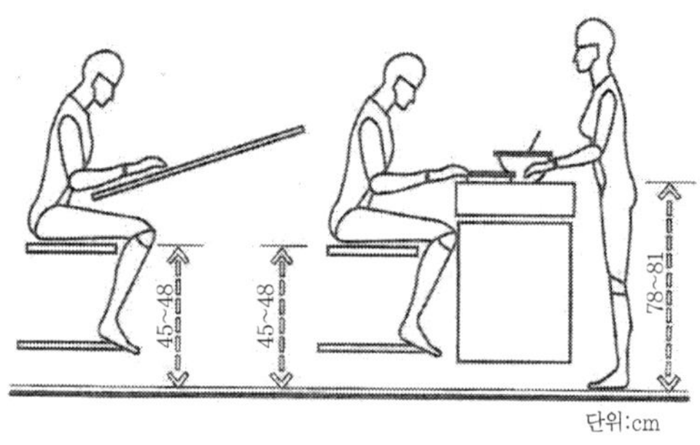

그림 3-12. 작업용 의자

표 1-1. 작업용 의자의 적정 높이(단위 : mm)

의자 높이	균형상실 방지 거리
570 이하	최소 195
700 이하	최소 220
800 이하	최소 240
900 이하	최소 260

⑤ 스텐드 바의 의자의 높이는 75-78cm 정도이며, 작업용 의자와 마찬가지로 발받이가 있다. 이 의자에 앉게 되면 서 있을 경우와 높이가 비슷하게 된다. 이와 함께 이용되는 탁자의 높이는 105-114cm로서 의자에 앉았을 경우 팔굽이 자연스럽게 탁자 위에 놓이게 되며, 턱을 자연스럽게 괼 수 있는 높이이다. 이 탁자는 서 있을 경우에도 팔굽이 자연스럽게

놓이게 되어 글씨를 쓸 수 있는 정도의 높이가 된다. 따라서 탁자를 중심으로 앉아서 서비스를 받고 서서 서비스를 하는 경우 (스텐드 바) 혹은 양자가 마주서서 일을 처리하는(은행 또는 접수대) 형태가 이루어진다.

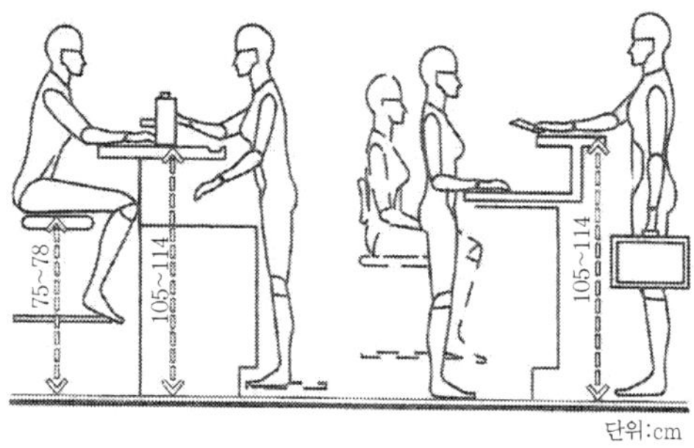

그림 3-13. 스텐드 바 및 접수대

2) 계단

계단의 치수는 보폭과 관계가 있는데 발판의 길이에 계단높이 두 배를 더한 것이 보폭 60-63cm 정도가 되도록 하면 가장 편안히 오르내릴 수 있는 계단이 된다. 따라서 발판의 깊이가 길수록 낮은 높이를 갖도록 하여야 한다. 계단을 설치할 때는 한 단만 있을 경우는 잘 보이지 않아 위험하므로 최소한 2-3단 이상 설치하여야 한다.

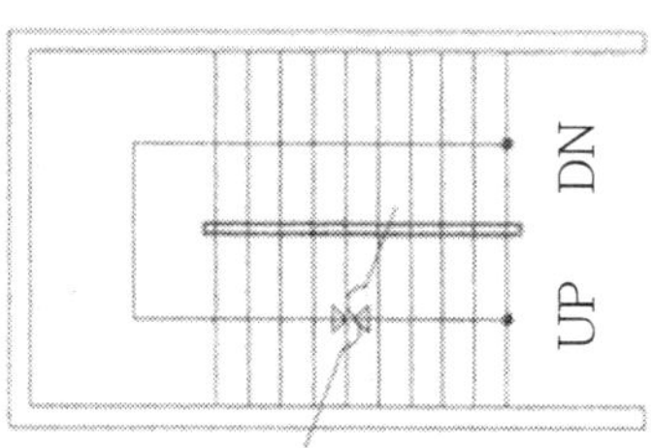

그림 3-14. 계단참의 설치

3) 담장

① 60cm 이하의 담장은 두 공간을 상징적으로 분리할 뿐 두 공간 상호간의 통행이 가능하

다. 이 경우는 원한다면 걸터앉을 수도 있는 높이로서 플랜트, 연석 등이 이에 해당된다.

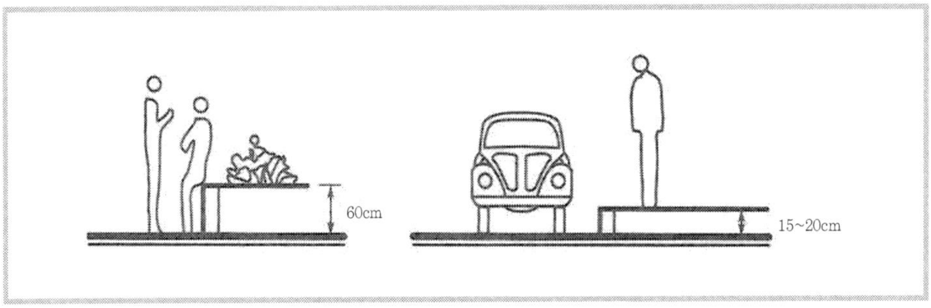

그림 3-15. 상징적 담장 혹은 경계

② 1.2m정도 높이의 담장은 인체의 가슴부분에 해당되는 높이로서 두 공간의 상호 왕래는 힘들어지나 섰을 때의 눈높이보다는 낮아서 시각적으로 개방된다.

일반적인 높이의 의자에 앉았을 경우의 눈높이 보다는 높아서 벤치 주변으로 위요된 공간을 조성할 때 이용되며 높은 프라이버시를 필요로 할 경우에는 이보다 높아야 한다.

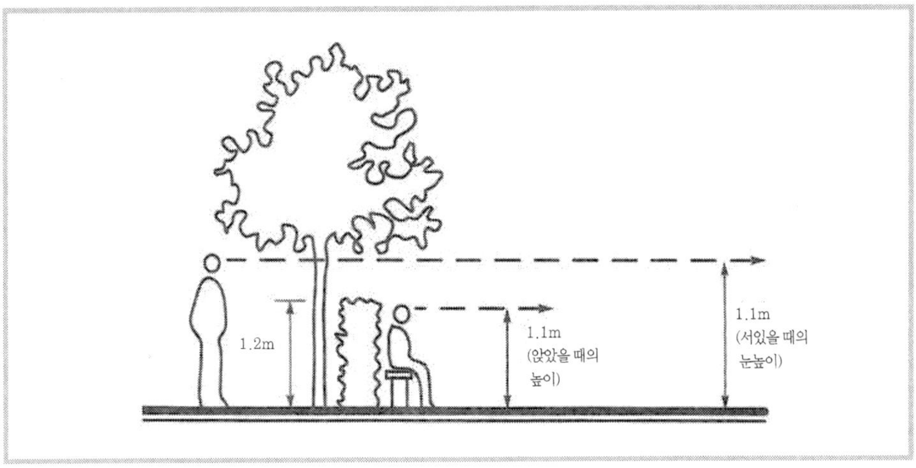

그림 3-16. 시선의 개방과 프라이버시의 제공

③ 1.8m 높이의 담장은 시선보다 높아서 시각적으로 완전히 차단되며 시각적으로 높은 프라이버시가 요구될 때 이용된다. 우리나라 주택의 담장 높이는 보통 1.8m 이상이어서 프라이버시가 높은 정원이 형성된다. 서구의 주택이 일반적으로 정원을 시각적으로 개방하

고 있는 것에 비교하면 흥미있는 현상이다. 정원의 시각적 개방은 마을 또는 도시 경관을 위해서는 바람직하나 프라이버시 측면에서는 문제가 있다. 따라서 우리나라 사람들의 생활 습관을 고려하지 않고 강제로 정원을 시각적으로 개방하게 하는 것은 바람직하지 않다. 다만 학교, 공장, 관공서 등과 같은 기관의 정원은 시각적으로 개방함이 도시경관을 위해 바람직 할 것이다.

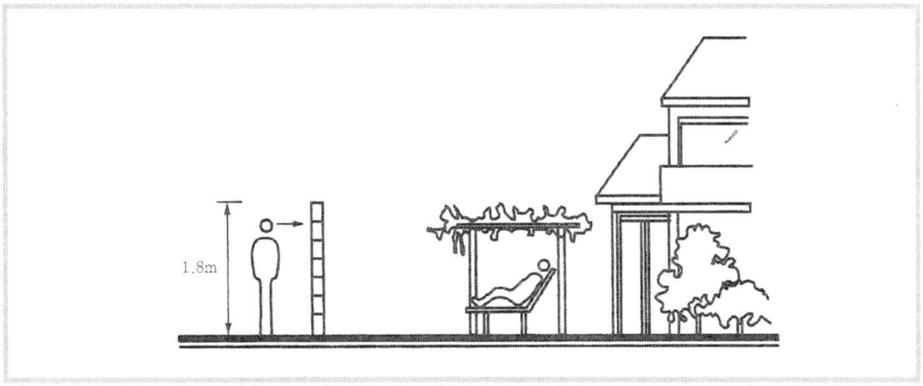

그림 3-17. 시선의 차단과 높은 프라이버시의 제공

④ 높이 2.4m 이상의 담장은 손을 뻗었을 때의 높이보다 높게 되어(대략 2.16m) 보통의 방법으로는 넘어 갈 수 없다. 고도의 안전도가 요구되는 경우에 이용되며 변전소, 교도소, 성곽 등이 해당된다.

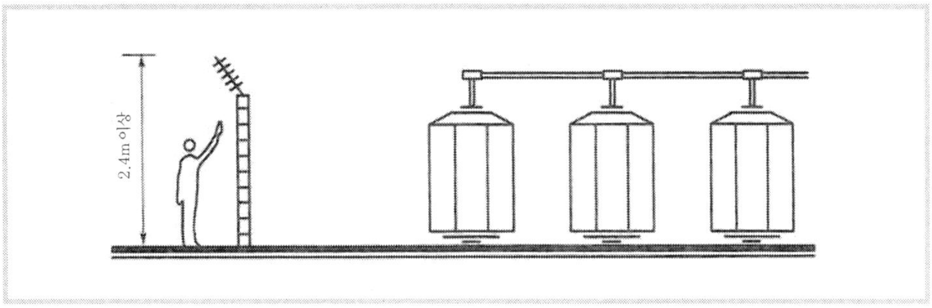

그림 3-18. 침입에 대한 방어를 위한 담장(변전소)

2. 폭과 인간행태

사람의 어깨폭은 42-48cm 정도 되므로 보도의 최소폭은 60cm이어야 한다. 두 사람이 왕복

할 수 있도록 하고자 한다면 1.2m가 최소폭이 될 것이다. 실내복도 혹은 계단의 경우도 왕복이 가능하여야 하므로 1.2m 폭이 최소가 된다. 식탁 혹은 회의용 테이블의 크기도 인체를 고려하여 1인당 폭이 최소 60cm 정도가 되어야 한다.

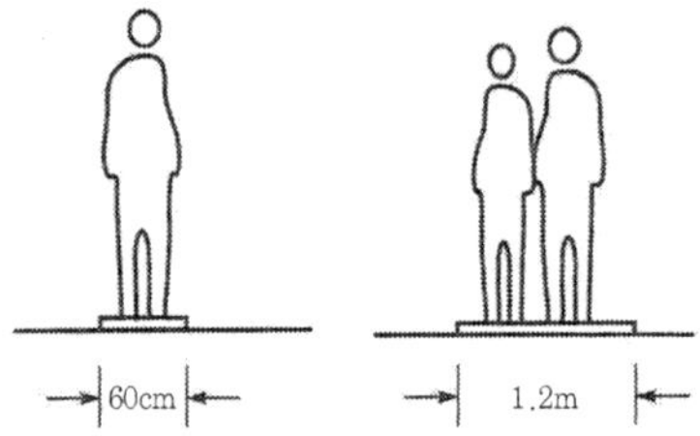

그림 3-19. 보도의 폭

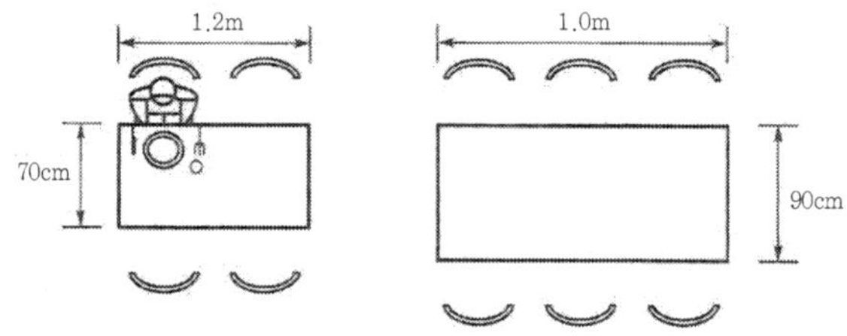

그림 3-20. 4인 및 6인용 식탁의 크기

소용 승용차의 폭은 5인승의 경우 앞좌석을 기준으로 하는데 두 사람이 차지하는 폭에 변속기어 작동에 필요한 여유를 두어 보통 최소 1.4 - 1.6m가 된다. 따라서 뒷 좌석에 세 사람이 앉았을 경우에는 최소 2.7m가 필요한데 고급 승용차의 경우 폭이 2m 가까이 되는 것도 있으므로 3m로 하면 충분하다.

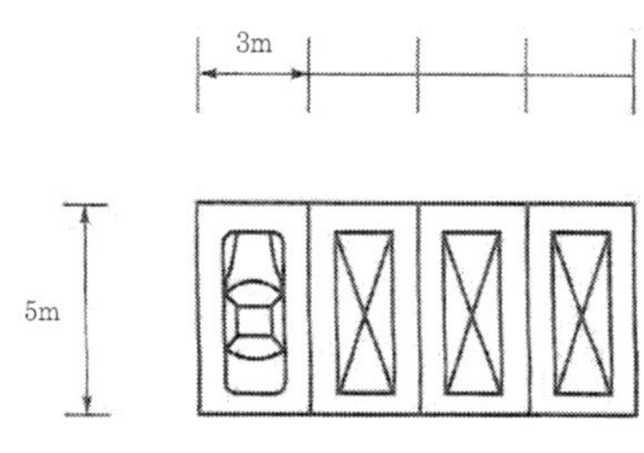

그림 3-21. 소용승용차 주차장의 크기

도로는 속도를 수반하게 되며 화물, 트럭 등 대형차들도 이용하므로 안전을 고려하여 옆 차의 간격을 충분히 확보 하여야 한다. 차선의 폭은 제한속도가 낮은 주택단지 혹은 공원에서는 3m를 최소폭으로 하며, 왕복 2차선인 경우에는 6m가 적당하다. 고속도로에서는 한 차폭을 3-4m로 하며 일방향 2차선용은 7.5m를 최소로 한다. 두 경우 모두 회전하는 부분은 회전에 필요한 여유를 추가로 확보하여야 한다.

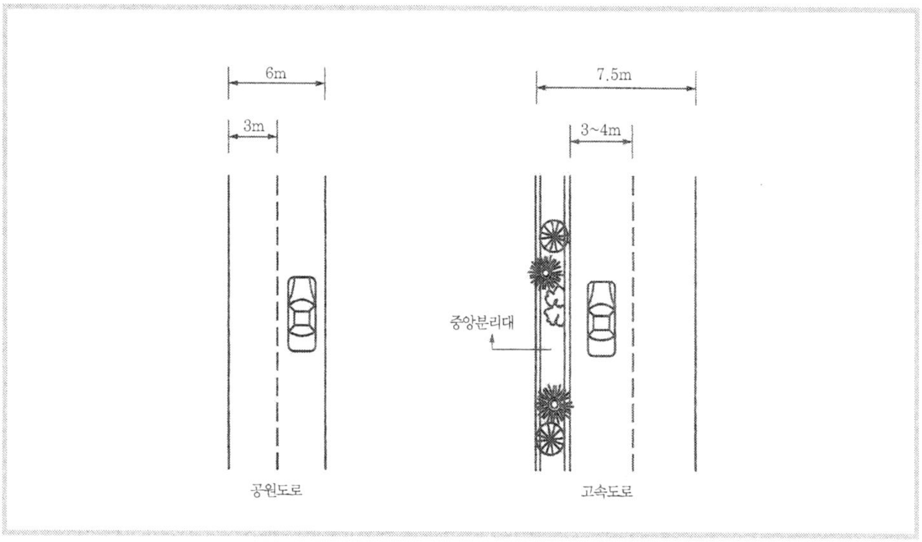

그림 3-22. 도로의 폭은 제한속도와 관계가 있다.

3. 면적과 인간행태

인간의 활동 유형에 따른 1인당 소유면적은 일정 면적의 수용가능 인원은 산정 할 때나 일정 인원을 수용하기 위한 총 소요 면적을 산정할 때 매우 유용한 자료로 쓰인다. 사람이 앉았을 때 차지하는 면적은 어깨폭 및 다리놓임을 고려하여 직경이 60cm 정도로 되는 원으로 볼 수 있다. 이를 기초로 하여 피크닉에 필요한 면적을 다음과 같이 계산해 볼 수 있다.

보통 서양에서는 피크닉 테이블을 주로 이용하지만 좌식생활에 익숙한 우리나라에서는 주로 바닥에 둘러앉아 식사 혹은 게임을 즐긴다. 보통 4 - 5인의 그룹이 많은데 4인을 기준으로 보면 둘러앉은 데에만 직경 2m의 원이 필요하며 여기에 배낭 등의 짐을 놓는 자리와 취사에 필요한 면적이 추가로 필요하다. 따라서 원형일 경우에는 직경 2.8m의 크기가, 장방형일 경우에는 2m x 3m의 크기가 필요하게 되므로 면적은 대략 6㎡가 되며 이것을 1인당 면적으로 환산하면 1.5㎡가 된다.

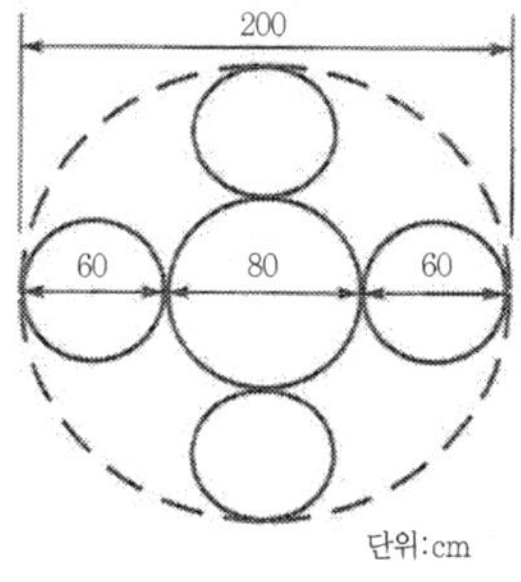

그림 3-23. 둘러앉는 데 소요되는 면적

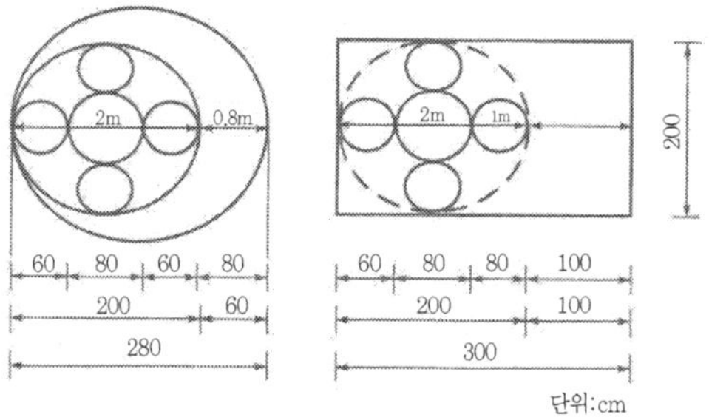

그림 3-24. 원형 및 구형 피크닉장의 크기

1인당 적정 소요면적을 산출함에 있어서는 특정행위가 차지하는 물리적 공간의 크기를 고려함이 기본이지만, 그룹별 행위가 일어날 때에는 행위자들이 느끼는 만족도가 별도로 고려되어야 한다. 다시 말해 물리적 행위 자체에는 지장을 주지 않으나 이용밀도가 너무 높거나 프라이버시가 침해 된다면 만족도는 낮아지게 될 것이다. 피크닉의 경우를 예로 들면 동일그룹의 혼잡과 타 그룹과의 혼잡의 두 가지를 생각 해 볼 수 있다. 즉 단위 피크닉장의 크기가 너무 작지 않아야 하며, 동시에 너무 많은 그룹이 좁은 장소에 몰려 있어서는 안 될 것이다. 또한 프라이버시 측면에서 다른 그룹과 너무 가까이 있게 된다면 그룹간 프라이버시가 침해되어 만족도가 낮아지게 될 것이다. 1인당 1.5㎡는 단위 피크닉장의 소요면적이며, 전체 피크닉장의 적정밀도는 앞서

언급된 바와 같은 혼잡 및 프라이버시의 환경 심리학적 인자를 고려하여 산정되어야 한다. 예를 들어 단위 피크닉장간의 최소 적정거리가 10m라고 보고 4-5인이 한 그룹이라고 본다면 전체 피크닉장의 밀도는 1인당 15 - 20㎡ 이상이 되어야 한다. 여기에 운동장 등 부대시설에 따른다면 주택과 같은 인간의"반영구적인 영역"에 비하여 "잠정적인 영역"의 대표적인 예가 된다.

4. 볼륨과 인간행태

1) 내부공간의 볼륨

내부공간 볼륨의 최소단위는 일정하게 말하기는 어려우나 화장실, 초소 등의 특수한 경우를 제외하고는 1인용 방이 될 것이다. 누울 수 있고 옷장, 책상 등 가구를 고려한다면 보통 9.9㎡ (3평, 2.7m×3.6m)의 방이 한 사람이 쓸 수 있는 최소의 크기가 된다.

이때 방의 높이는 보통 2.4m를 많이 사용하고 있다.

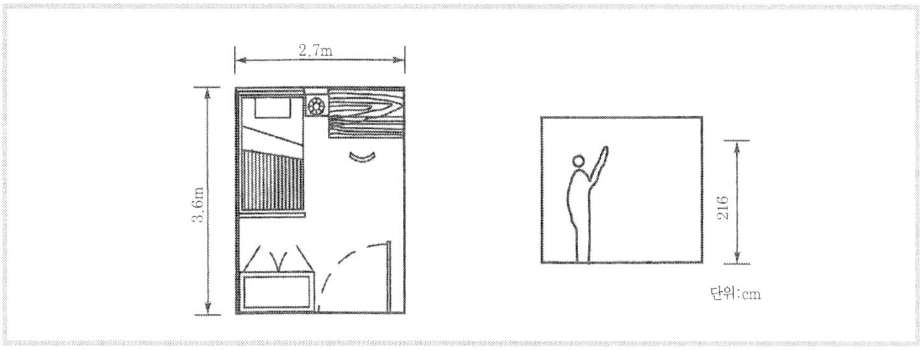

그림 3-25. 1인용 방 : 평면 및 단면

이러한 단위볼륨을 수직적으로 확대하면 고층건물의 계단실과 같은 공간이 형성되어 매우 협소한 느낌을 주며 사람에 따라서는 소위 폐소공포증(claustrophobia)을 느끼게 된다. 한편 단위볼륨을 수평방향으로만 확대하면 복도 혹은 열차와 같은 선적 공간이 형성된다. 이러한 공간 역시 협소한 느낌을 주며, 동시에 지루한 느낌을 주기 쉽다. 단위볼륨을 수직적으로 그리고 동시에 수평적으로 확대했을 경우에는 무도회장 혹은 대회의장과 같은 대규모 공간이 형성된다. 이러한 대규모 공간은 많은 사람이 동시에 이용할 때 적절하며, 한두 사람만이 이러한 규모의 공간에 위치하게 된다면 공간의 규모에 압도당하고 말 것이다.

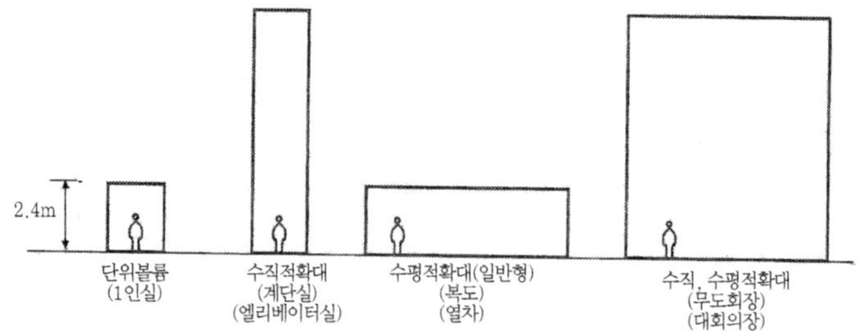

그림 3-26. 단위 볼륨의 확대와 실내공간

주택의 경우도 마찬가지로 사람에 다라 쾌적하게 느끼는 공간규모에는 차이가 있겠으나, 가족 수에 비하여 너무 크게 되면 따뜻하고 친근한 가정의 분위기와는 멀어질 것이다. 그러나 경우에 따라서는 비인간적인 규모의 볼륨을 의도적으로 도입하여 장소의 특성을 강조하는 경우도 있다. 교회 혹은 성당에서는 단위볼륨의 수직적 및 일방향으로의 평면적 확대를 통하여 신비로운 감을 창출할 수 있다.

2) 외부공간의 볼륨

외부공간의 단위볼륨은 주택의 중정이나 테라스를 예로 들 수 있다. 중정을 단위볼륨으로 가정한다면 높이는 단층집 높이 정도일 것이며, 중정의 폭은 일조를 고려한다면 높이의 1.5배 이상은 되어야 중정으로서의 식재, 일광욕 등의 기능을 할 수 있을 것이다. 주택의 높이를 3.6m로 가정할 때 중정의 폭은 5.4m정도가 된다. 또한 정방형의 중정을 생각한다면 30㎡ (약 9평)의 크기가 최소의 외부공간 볼륨으로 볼 수 있다.

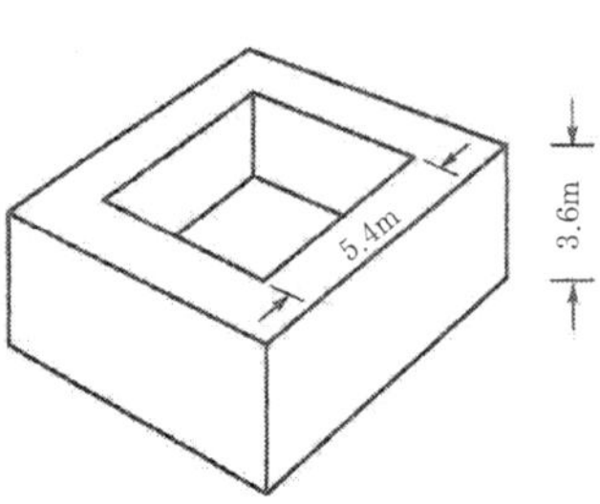

그림 3-27. 외부공간의 단위볼륨

이러한 단위볼륨의 수직적 확대는 굴뚝 혹은 우물과 같은 공간을 형성하게 되며 매우 협소한 느낌을 주고 역시 폐소공포증을 일으키기도 한다. 단위볼륨의 한쪽 방향으로의 수평적 확장은 골목과 같은 선적인 공간을 형성하며 협소하고 지루한 느낌을 준다. 이와 같은 수직적 혹은 수평적으로 확대된 공간은 오늘날 대도시의 뒷골목을 형성하는 특징 중의 하나이다. 이러한 비인간적인 공간의 형성은 현대 도시설계에서의 문제점 중의 하나로 등장하고 있다. 단위볼륨의 수직적 그리고 평면적 확대는 광장과 같은 공간을 형성하게 된다. 이러한 공간은 현대도시구조에서 액센트를 주며 동시에 도시공간의 리듬을 형성한다. 교통광장, 기념광장, 휴식광장 등은 가로망 중심의 선적인 도시구조 내에서 면적인 요소의 역할을 한다.

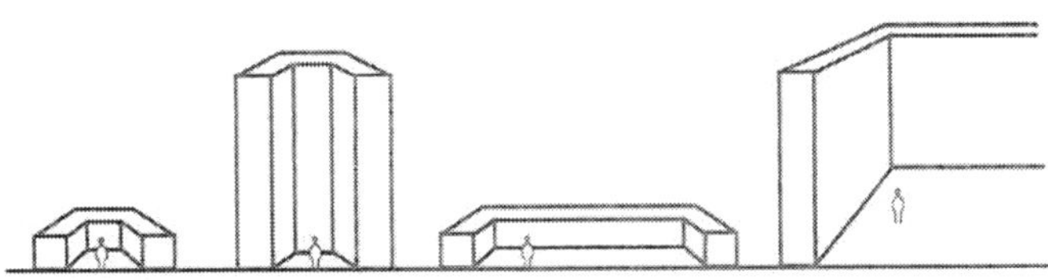

그림 3-28. 단위볼륨의 확대와 이용형태(외부공간)

3) 자연공간의 볼륨

자연공간의 최소규모를 인간이 이용하는 측면에서 가정한다면 퍼골라 혹은 오솔길을 예로 들 수 있다. 높이는 사람들 왕래에 지장이 없도록 한다면 2.4m정도는 되어야 하며, 폭은 두 사람이 여유 있게 낮거나 왕복한다면 1.8m이상이 되어야 할 것이다.

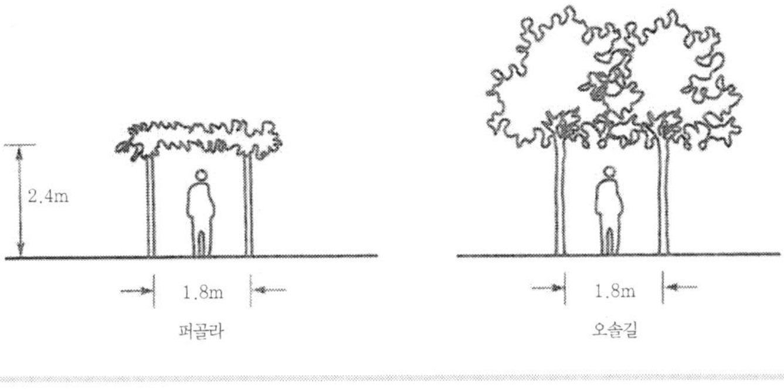

그림 3-29. 자연공간의 최소볼륨

이러한 단위볼륨의 수직적 확대는 가로수가 식재된 지방도 혹은 국도와 같은 공간이 될 것이다. 단위볼륨의 평면적 확대는 교목으로만 이루어진 울폐도가 높은 숲속 혹은 교목을 밀식시킨 공원 같은 경우가 될 것이다. 즉 울폐도가 높아 수직방향으로는 공간이 한정되나 수관 밑으로 공간이 열리게 되어 낮고 넓은 공간이 형성된다.

단위볼륨의 수직적, 평면적 확대로는 운동장, 잔디광장 등을 들 수 있다. 위에 높은 나무가 둘러싸며 가운데 넓은 평지가 형성되어 공간의 볼륨은 최대가 되며 개방감은 절정에 이른다.

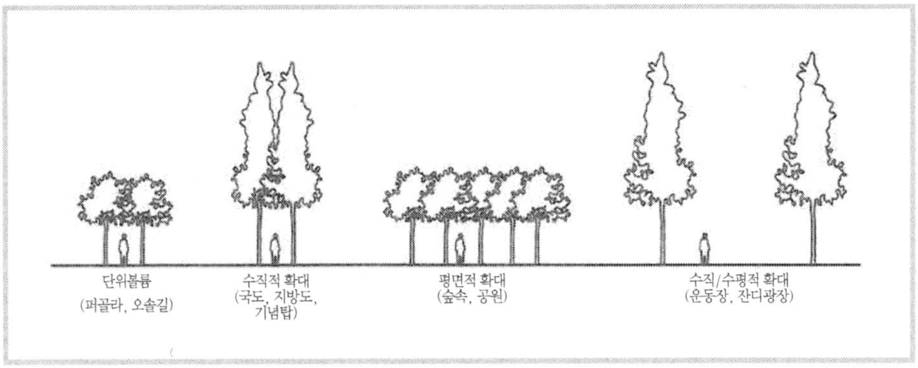

그림 3-30. 단위볼륨의 확대와 이용형태(자연공간)

CHAPTER 04

VDT작업과 작업환경

제 4 장 VDT작업과 작업환경

4.1 VDT작업과 VDT증후군(VDT Syndrome)

1. VDT작업

1) **VDT작업 :** Visual Display Terminals의 약자로써, 자료입력, 문서작성, CAD작업, 자료검색 등의 작업으로 영상표시단말기(VDT)의 화면을 보거나 키보드, 마우스 등을 조작하는 작업이다.

2) **VDT증후군(VDT Syndrome) :** VDT작업으로 인해서 발생하는 근골격계 질환의 일종으로 경견완증후군(頸肩腕症候群) 등이 이에 해당한다.

2. VDT 증후군(VDT Syndrome)

1) **근골격계 증상 :** 주로 반복적인 키보드 입력작업과 고정된 자세에서의 지속적인 동작(정적인 자세), 부적합한 작업자세, 장시간 작업 등이 원인이 되어 목, 어깨, 팔꿈치, 손목 및 손가락 등에 나타나는 통증과 저림, 쑤심 등의 건강장해를 말한다.

2) **눈의 피로 :** 컴퓨터 작업과 관련하여 주로 눈의 피로나 통증 등이 이에 해당된다.

3) **정신신경계 증상 :** 컴퓨터 작업이라는 독특한 업무형태로 인하여 경우에 따라 작업자들은 많은 스트레스를 받게 되는 데, 이러한 스트레스에 의해 나타나는 정신적인 증상을 말한다.

4) **전자파 장해 :** 컴퓨터 화면으로부터 발생되는 일종의 에너지라 할 수 있는 전자기파(EMF, Electromagnetic fields)에 의한 장해를 말한다.

4.2 VDT작업 환경

1. 사무/VDT작업 설계지침

1) 작업시간 및 휴식시간

(1) 영상표시단말기 연속작업을 수행하는 근로자에 대해서는 영상표시단말기 작업 이외의 작업을 중간에 넣거나 또는 다른 근로자와 교대 실시하는 등 계속해서 영상표시단말기 작업을 수행하지 않도록 하여야 한다.

(2) 영상표시단말기 연속작업을 수행하는 근로자에 대하여 작업시간 중에 적절한 휴식시간을 주어야 한다.

(3) 영상표시단말기 연속작업을 수행하는 근로자가 휴식시간을 적절히 활용할 수 있도록 휴식장소를 제공하여야 한다.

2) VDT화면

(1) 영상표시단말기 화면은 회전 및 경사조절이 가능할 것

(2) 화면의 깜박거림은 영상표시단말기 취급근로자가 느낄 수 없을 정도이어야 하고 화질은 항상 선명할 것

(3) 화면에 나타나는 문자 · 도형과 배경의 대비(contrast)는 작업자가 용이하게 조절할 수 있는 것일 것

(4) 화면상의 문자나 도형 등은 영상표시단말기 취급근로자가 읽기 쉽도록 크기 · 간격 및 형상 등을 고려할 것

(5) 단색화면일 경우 색상은 일반적으로 어두운 배경에 밝은 황 · 녹색 또는 백색문자를 사용하고 적색 또는 청색의 문자는 가급적 사용하지 않도록 할 것

3) 키보드(keyboard) 및 마우스(mouse)

(1) 키보드는 특수목적으로 고정된 경우를 제외하고는 영상표시단말기 취급 근로자가 조작위치를 조정할 수 있도록 이동 가능한 것으로 할 것

(2) 키(key)의 성능은 키 입력 시 영상표시단말기 취급 근로자가 키의 작동을 자연스럽게 느

낄 수 있도록 촉각 · 청각 및 작동압력 등을 고려할 것

(3) 키의 윗부분에 새겨진 문자나 기호는 명확하고, 작업자가 쉽게 판별할 수 있도록 할 것

(4) 키보드의 경사는 5~15°, 두께는 3cm 이하로 할 것

(5) 키보드와 키 윗부분의 표면은 무광택으로 할 것

(6) 키의 배열은 키 입력 작업 시 작업자의 상지(上肢)의 자세가 자연스럽게 유지되고 조작이 원활하도록 배치되게 할 것

(7) 작업자의 손목을 지지해 줄 수 있도록 작업대 끝 면과 키보드의 사이는 15cm이상을 확보하고 손목의 부담을 경감할 수 있도록 적절한 받침대(패드)를 이용할 수 있도록 할 것

(8) 마우스는 쥐었을 때 작업자의 손이 자연스러운 상태를 유지할 수 있는 것일 것

4) VDT 작업대

(1) 작업대는 모니터 · 키보드 및 마우스 · 서류받침대 · 기타 작업에 필요한 기구를 적절하게 배치할 수 있도록 충분한 넓이를 갖출 것

(2) 작업대는 가운데 서랍이 없는 것을 사용하도록 하며, 근로자가 영상표시단말기 작업 중에 다리를 편안하게 놓을 수 있도록 다리 주변에 충분한 공간을 확보하도록 할 것

(3) 작업대의 높이(키보드 지지대가 별도 설치된 경우에는 키보드 지지대 높이)는 조정되지 않는 작업대를 사용하는 경우에는 바닥면에서 작업대 높이가 60~70cm 범위내의 것을 선택하고, 높이 조정이 가능한 작업대를 사용하는 경우에는 바닥 면에서 작업대 표면까지의 높이가 65cm 전후에서 작업자의 체형에 알맞도록 조정하여 고정할 수 있는 것일 것

(4) 작업대의 앞쪽 가장자리는 둥글게 처리하여 작업자의 신체를 보호할 수 있도록 할 것

5) VDT작업 의자

(1) 의자는 안정감이 있어야 하며 이동 및 회전이 자유로운 것으로 하되 미끄러지지 않는 구조의 것으로 할 것

(2) 바닥 면에서 앉는 면까지의 높이는 눈과 손가락의 위치를 적절하게 조절할 수 있도록 적어도 35~45cm의 범위 내에서 조정이 가능한 것으로 할 것

(3) 의자는 충분한 넓이의 등받이가 있어야 하고 영상표시단말기 취급 근로자의 체형에 따라

요추(腰椎, Lumbar)부위부터 어깨부위까지 편안하게 지지할 수 있어야 하며 높이 및 각도의 조절이 가능한 것으로 할 것

(4) 영상표시단말기 취급근로자의 필요에 따라 팔걸이(Elbow-rest)가 있는 것을 사용할 것

(5) 작업 시 영상표시단말기 취급근로자의 등이 등받이에 닿을 수 있도록 의자 끝부분에서 등받이까지의 깊이가 38~42cm범위로 적절할 것

(6) 의자의 앉는 면은 영상표시단말기 취급근로자의 엉덩이가 앞으로 미끄러지지 않는 재질과 구조로 되어야 하며 그 폭은 40~45cm 범위로 할 것

6) 작업자세

(1) 영상표시단말기 취급근로자의 시선은 화면상단과 눈높이가 일치할 정도로 하고 작업 화면상의 시야범위는 수평선상으로부터 10~15°밑에 오도록 하며 화면과 근로자의 눈과의 거리는 적어도 40cm 이상이 확보될 수 있도록 할 것

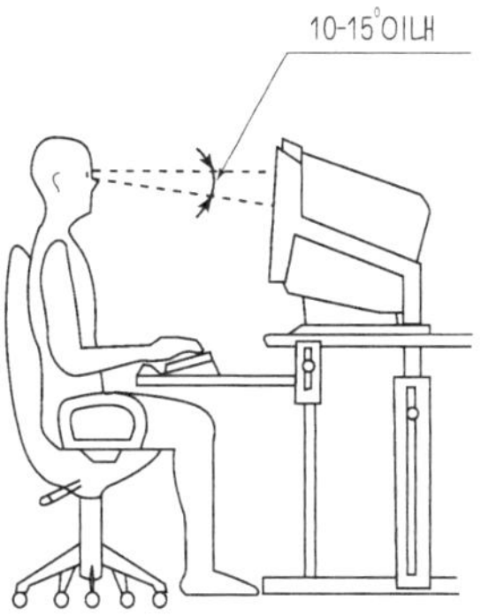

그림 4-1. 모니터의 위치

(2) 상완(upper arm)은 자연스럽게 늘어뜨리고, 작업자의 어깨가 들리지 않아야 하며, 팔꿈치의 내각은 90°이상이 되어야 하고, 전완(fore arm)은 손등과 수평을 유지하여 키보드를 조작하도록 할 것

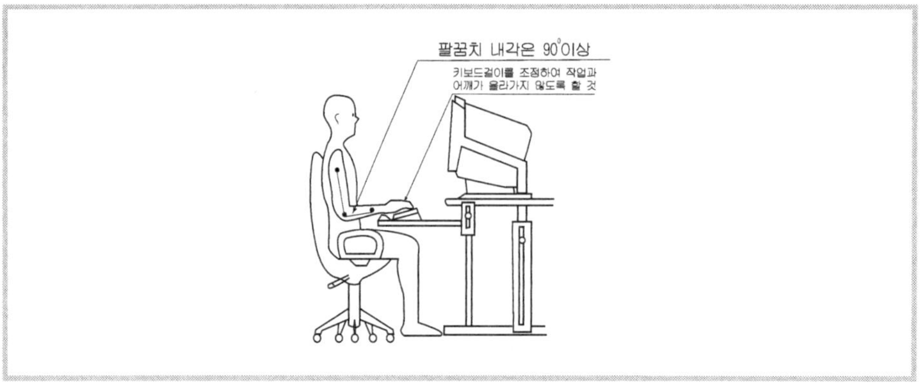

그림 4-2. 작업자세

(3) 연속적인 자료의 입력을 위한 작업 시에는 서류받침대를 사용하도록 하고, 서류받침대는 높이 · 거리 · 각도 등을 조절하여 화면과 동일한 높이 및 거리에 두어 작업하도록 할 것

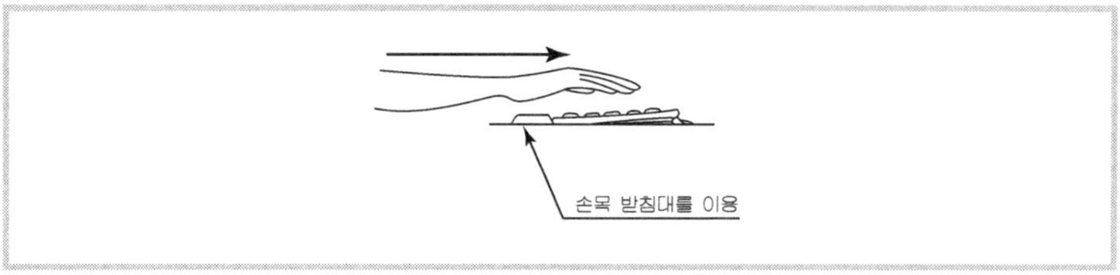

그림 4-3. 손목의 자세

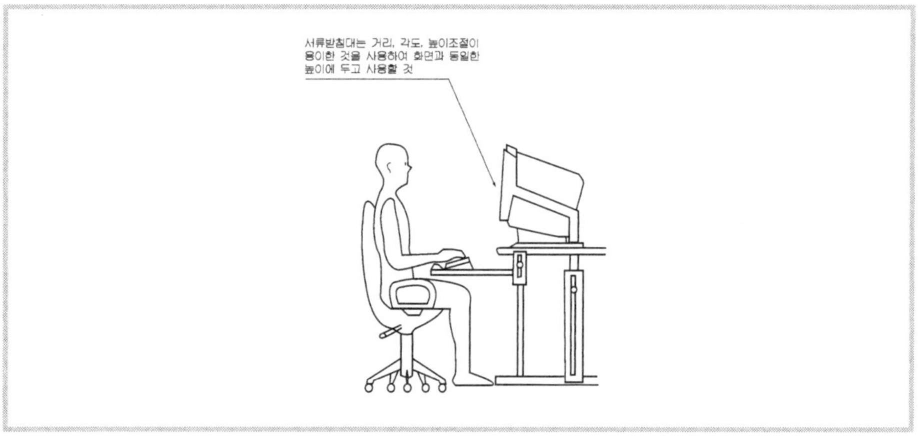

그림 4-4. 연속적인 자료입력

(4) 의자에 앉을 때는 의자 깊숙이 앉아 의자등받이에 작업자의 등이 충분히 지지되도록 할 것

(5) 영상표시단말기 취급근로자의 발바닥 전면이 바닥에 닿는 자세를 기본으로 하되, 그러하지 못할 때에는 발 받침대를 조건에 맞는 높이와 각도로 설치할 것

(6) 무릎의 내각은 90°전후가 되도록 하되, 의자의 앉는 면의 앞부분과 영상표시단말기 취급근로자의 종아리 사이에는 손가락을 밀어 넣을 정도의 틈새가 있도록 하여 종아리와 대퇴부에 무리한 압력이 가해지지 않도록 할 것

(7) 키보드를 조작하여 자료를 입력할 때 양 손목을 바깥으로 꺾은 자세가 오래 지속되지 않도록 주의할 것

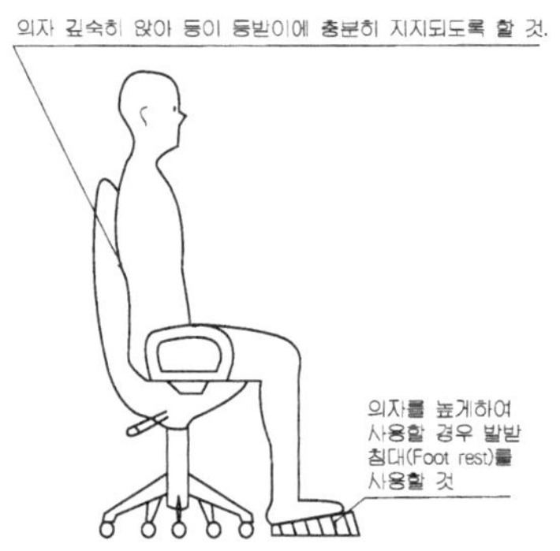

그림 4-5. 의자에 앉는 형태(a)

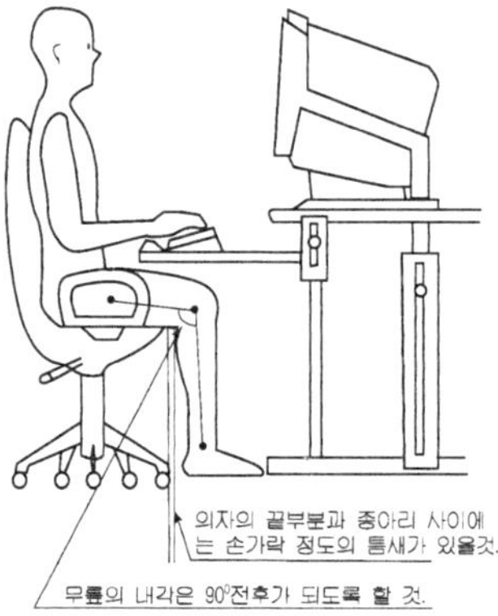

그림 4-6. 의자에 앉는 형태(b)

7) 조명 및 채광

(1) 작업실내의 창 · 벽면 등을 반사가 되지 않는 재질로 하여야 하며, 조명은 화면과 명암의 대조가 심하지 않도록 하여야 한다.

(2) 영상표시단말기를 취급하는 작업장 주변환경의 조도를 화면의 바탕 색상이 검정색 계통일 때 300~500Lux, 화면의 바탕색상이 흰색 계통일 때 500~ 700Lux를 유지하도록 하여야 한다.

(3) 화면을 바라보는 시간이 많은 작업일수록 화면 밝기와 작업대 주변 밝기의 차를 줄이도록 하며, 작업 중 시야에 들어오는 화면 · 키보드 · 서류 등의 주요 표면 밝기를 가능한 한 같도록 유지하여야 한다.

(4) 창문에는 블라인드 또는 커튼 등을 설치하여 직사광선이 화면 · 서류 등에 비치는 것을 방지하고 필요에 따라 언제든지 그 밝기를 조절할 수 있도록 하여야 한다.

(5) 작업대 주변에 영상표시단말기 작업 전용의 조명등을 설치할 경우에는 영상표시단말기 취급근로자의 한쪽 또는 양쪽 면에서 화면 · 서류면 · 키보드 등에 균등한 밝기가 되도록 설치하여야 한다.

(6) 지나치게 밝은 조명 · 채광 또는 깜박이는 광원 등이 직접 영상표시단말기 취급근로자의 시야 내로 들어오지 않도록 하여야 한다.

(7) 눈부심 방지를 위하여 화면에 보안경 등을 부착하여 빛의 반사가 증가하지 않도록 하여야 한다.

(8) 작업 면에 도달하는 빛의 각도를 화면으로부터 45°이내가 되도록 조명 및 채광을 제한하여 화면과 작업대 표면반사에 의한 눈부심이 발생하지 않도록 하여야 한다. (단, 조건상 빛의 반사방지가 불가능할 경우에는 다음과 같은 방법으로 눈부심을 방지하도록 하여야 한다.

① 화면의 경사를 조정할 것

② 저(低)휘도형 조명기구를 사용할 것

③ 화면상의 문자와 배경과의 대비(contrast)를 낮출 것

④ 화면에 후드를 설치하거나 조명기구에 간이 차양막 등을 설치할 것

⑤ 기타 눈부심을 방지하기 위한 조치를 강구할 것

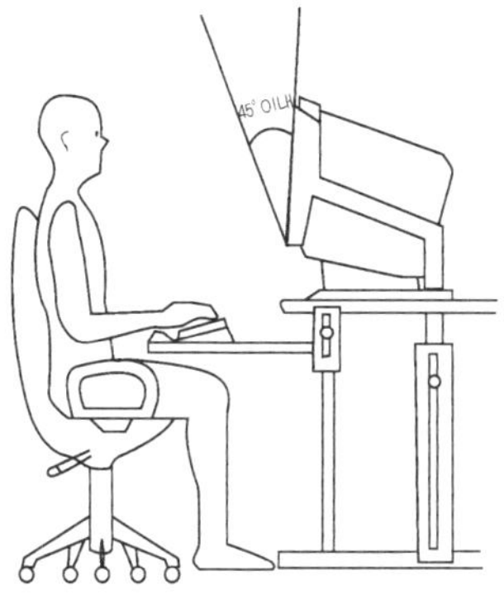

그림 4-7. 화면의 경사

8) 소음 및 정전기

(1) 프린터에서 소음이 심할 때에는 후드 · 칸막이 · Box의 설치 및 프린터의 배치 변경 등의 조치를 취할 것

(2) 정전기의 방지는 접지를 이용하거나 알코올 등으로 화면을 깨끗이 닦아 방지할 것

9) 온도 및 습도

(1) 영상표시단말기 작업을 주목적으로 하는 작업실내의 온도를 18~24℃, 습도는 40~70%를 유지하여야 한다.

10) 작업공간

(1) 작업실내의 환기 · 공기정화 등을 위하여 필요한 설비를 갖추도록 하여야 한다.

(2) 작업대 주변기류를 공기이동을 거의 느끼지 못할 정도로 유지하도록 하고 기류의 세기가 커 작업에 방해가 될 때에는 칸막이 등을 이용하여 조절할 수 있도록 하여야 한다.

(3) 영상표시단말기 취급근로자는 작업개시 전 또는 휴식시간에 조명기구 · 화면 · 키보드 · 의자 및 작업대 등을 점검하여 조정하도록 한다.

(4) 영상표시단말기 취급근로자는 수시 또는 정기적으로 작업장소 · 영상표시단말기 등을 청소함으로써 항상 청결을 유지하도록 한다.

CHAPTER 05

시각

제 5 장
시 각

5.1 눈의 구조와 기능

1. 시각과정

태양으로부터 빛을 받은 물체는 빛의 일부를 흡수하고 일부를 반사한다. 물체에서 반사된 빛은 인간의 홍채(iris)에 의해 조절되는 동공(pupil)을 지나 수정체(lens)에 굴절하여 망막(retina)에 상이 맺힌다. 망막의 신경섬유는 시신경(optic nerve)유두를 향해 모여서 자극을 전기신호로 변환하고 뇌에 전달하는 역할을 한다.

2. 눈의 구조와 기능

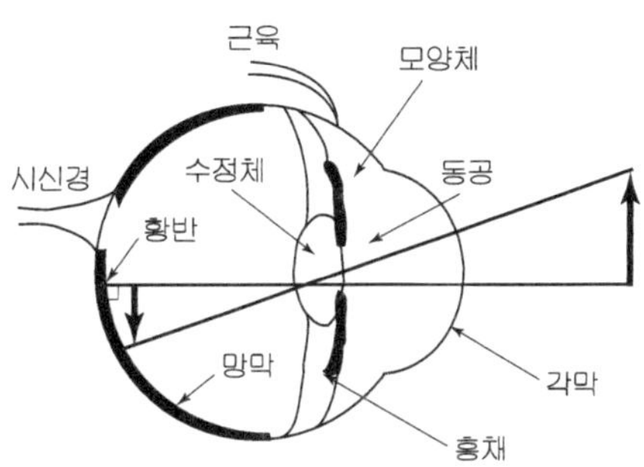

그림 5-1. 눈의 구조

1) **각막(cornea) :** 공막(sclera)의 앞부분으로 안구의 가장 바깥쪽 표면으로 눈에서 제일 먼저 빛이 통과는 부분이다.

2) **홍채(iris) :** 눈으로 들어가는 빛의 양을 조절하고, 동공을 확대 및 축소한다. 카메라에 비유할 경우 조리개의 역할을 한다.

3) **동공(pupil) :** 신체에서 조절하는 것이 가능한 광선의 통로부분으로 홍채의 안쪽 중앙부분에 비어있는 공간을 말한다.

4) **모양체(ciliary body) :** 수정체의 두께를 조절하는 근육으로 고령자들의 경우 이러한 근육의 작용이 둔화되어 원시가 나타난다.

5) **수정체(lens) :** 빛을 굴절시키는 역할을 하고 망막에 상이 잘 맺히도록 한다. 카메라에 비유할 경우 렌즈의 역할을 한다.

6) **망막(retina) :** 안구 벽의 가장 안쪽에 위치한 얇고 투명한 막으로 상이 상하좌우 전환되어 맺히고, 원추세포와 간상세포가 분포되어 있다. 망막에는 원추세포가 약 700만개 정도 있고, 간상세포는 약 1억2000만개 정도 있다.

7) **황반(yellow spot) :** 망막에서 원추세포가 밀집되어 있어 빛을 가장 선명하고 정확하게 받아들이는 부분이다.

8) **시신경(optic nerve) :** 시각(視覺)의 역할을 하는 지각신경으로 망막으로부터의 정보를 전달하는 역할을 한다.

3. 시력(vision acuity)

1) **원근순응(accommodation) :** 눈의 수정체가 망막에 빛의 초점을 맞추는 능력을 말한다.

(1) 초점의 종류

① 근점(near point) : 초점을 맞출 수 있는 가장 가까운 거리

② 원점(far point) : 초점을 맞출 수 있는 가장 먼 거리

③ 암초점(dark point) : 어두운 곳에서 눈이 자발적으로 움직이는 조절상태

(2) 원근순응에 따른 분류

① 정상시력(normal vision) : 정상적인 시력의 상태

② 근시(myopia) : 수정체가 두꺼워진 상태로 가까이 있는 물체는 초점을 맞출 수 있지

만 멀리 있는 물체는 초점을 정확히 맞출 수 없다.

③ 원시(hyperopia) : 수정체가 얇아진 상태로 멀리 있는 물체는 잘 볼 수 있지만 가까이 있는 물체는 초점을 정확히 맞추기 힘들다.

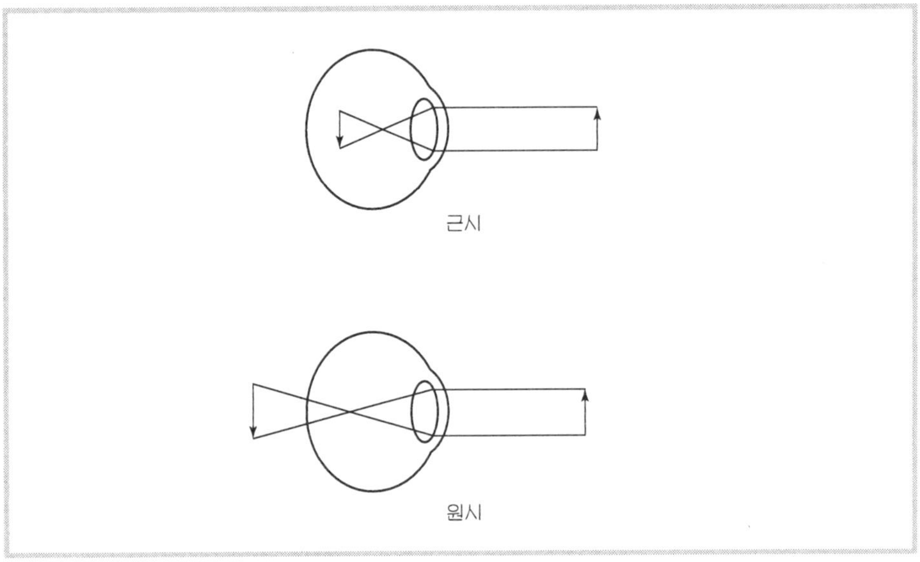

그림 5-2 . 원근순응에 따른 분류

2) 시력(acuity) : 눈으로 세부 내용을 인지 할 수 있는 능력

(1) 최소 분간시력(minimum separable acuity) : 눈이 감지할 수 있는 표적의 최소공간을 말한다.

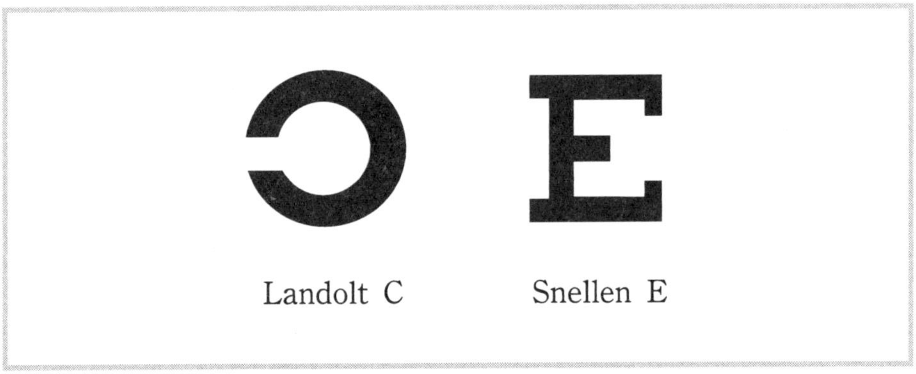

그림 5-3. 시력측정 방법

(2) 시력의 측정 : 목표물에서 틈을 분간 할 수 있는 최소 시각의 역수로 측정이 된다.

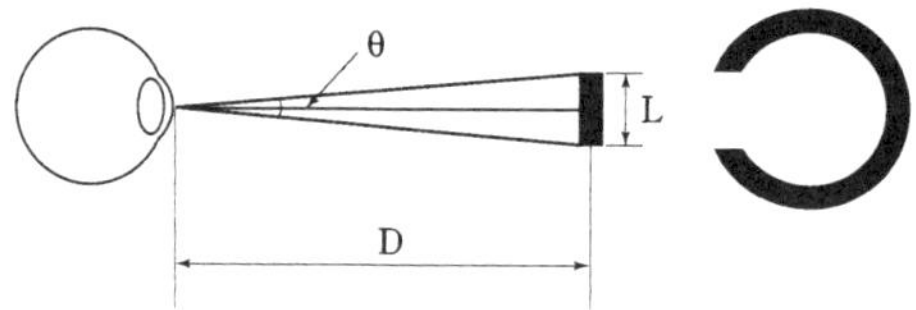

그림 5-4. 시력측정의 원리

$$시각 = \frac{57.3 \times 60 \times L}{D}$$

L = 목표물의 크기

D = 목표물과 눈 사이의 거리

(3) 최소지각시력(minimum perceptible acuity) : 배경으로부터 한 점을 분간할 수 있는 능력을 말한다.

(4) 입체시력(stereoscopic acuity) : 약간 다른 상이 두 눈의 망막에 맺힐 때 이를 구별해 내는 능력을 말한다.

4. 시각(hour angle)의 기능

1) 시각의 종류

(1) 명소시(photopic vision) : 밝은 곳에서 원추세포(추상체, cone cell)가 작용하는 상황에서의 시각을 말한다. 약 100 [cd/m²] 이상에서 작동하며, 가장 밝게 느끼는 색은 파장이 약 555nm의 황녹색 빛으로 이때 느끼는 밝기의 정도이다.

(2) 암소시(scotopic vision): 어두운 곳에서 주로 간상세포(rod cell)가 작용하는 상황에서의 시각을 말한다. 약 0.1 [cd/m²] 이하에서 작동하며, 파장이 약 507nm의 청녹색에서 가장 어둡게 느껴지며 어두워질수록 녹색 빛에 대한 감도가 높아지는 특징이 있다.

(3) 박명시(twilight vision): 원추세포와 간상세포가 함께 작용하는 상황을 말한다.

2) 암순응(dark adaptation)

(1) 밝은 곳에서 어두운 곳으로 들어갈 때 감광색소의 합성이 일어나게 되는데 이를 암순응이라고 한다.

(2) 어두운 곳에 들어가면 눈에 더 많은 양의 빛을 들이기 위해 동공이 확대된다.

(3) 완전 암순응은 30~40분 정도 소요된다.

3) 명순응(light adaptation)

(1) 어두운 곳에서 밝은 곳으로 들어갈 때 빛에 노출 되면 그 즉시 감광색소의 퇴색이 일어나게 되는데 이를 명순응 이라고 한다.

(2) 밝은 곳에서는 눈에 들어오는 빛의 양을 제한하기 위하여 동공이 축소된다.

5. 시각과 색

1) 색의 속성

(1) 색상(hue) : 빨간색, 녹색, 검은색 등의 이름으로 구별되는 색의 속성을 말한다.

(2) 채도(chroma, saturation): 색의 진하고 엷은 정도를 나타내는 포화도로 색의 선명도를 나타낸다.

(3) 명도(value, luminosity): 입사광의 상대적인 양과 관계되는 속성으로 빛의 파장에 의해 눈이 느끼는 밝은 정도로써, 색의 밝고 어두운 정도를 말한다.

2) 색상의 체계

(1) Munsell의 색도계는 사람의 색 구분속성에 따라 특징을 규정하였다.

① 미국의 화가이자 미술교육자인 A. H. Munsell이 고안한 표색계

② 사람의 색 구분속성에 따라 특징을 규정함

③ 그림 5-5와 같이 색의 3속성인 색상, 명도, 채도를 근거로 각각 번호나 시호로 분류된 색표를 사용물체의 색과 색표를 비교해보고 색을 표현하는 것이 특징임

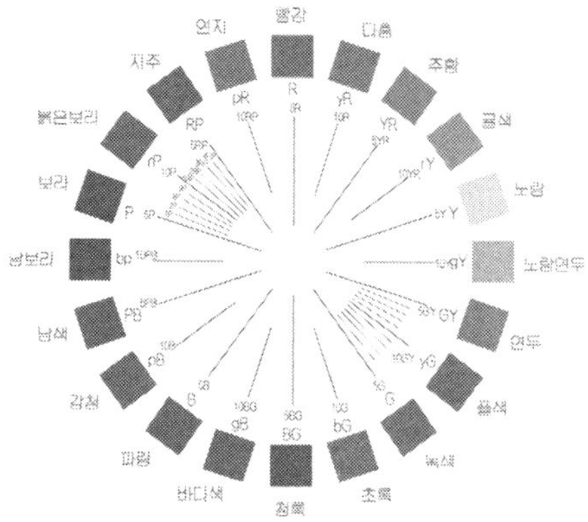

그림 5-5. Munsell의 색도계

(2) CIE색도계

① 빛의 삼원색인 적색, 녹색, 청색의 상대적인 비율로 색을 지정

② 현재 모든 조명과 컴퓨터모니터, adobe 소프트웨어의 기준색에 사용되고 있는 표기법

③ 분광광도계에 의한 측정값을 기초로 모든 색을 xyY라는 세가지 양으로 표시함

④ 인간의 감각에 의존하지 않는 정확한 표색법으로 상당히 난해한 단점이 있음

⑤ 광원색이나 텔레비전 등의 특수한 경우 이외에는 Munsell의 표색계를 사용하고 있음

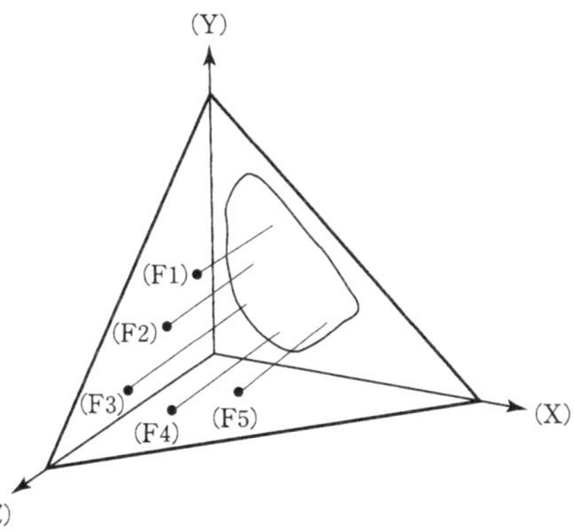

그림 5-6. CIE색도계

6. 시식별에 영향을 주는 조건

1) **광도(luminosity) :** 광원에서 방출되는 빛의 세기로 단위는 cd(candela)를 사용한다.

2) **광속(luminous intensity) :** 단위면적당 단위 시간에 통과하는 빛의 양으로 단위는 lm(lumen)을 사용한다.

3) **조도(illuminance) :** 단위면적을 비추는 광속으로 단위는 lux를 사용한다.

$$조도 = \frac{광도}{(거리)^2}$$

4) **휘도(brightness) :** 빛이 어떤 물체에 반사되어 나온 양으로 단위는 L(lambert)를 사용한다.

$$휘도 = \frac{조도 \times 반사율}{\pi}$$

5) **대비(contrast) :** 표적의 휘도와 배경의 휘도의 차이

$$대비 = \frac{L_b - L_t}{L_b} \times 100$$

L_b : 배경의 휘도

L_t : 표적의 휘도

6) **반사율(reflectivity) :** 표면에 도달하는 조명과 반사에 의해 나타나는 조명에 의한 관계의 비율

$$반사율\ (\%) = \frac{휘도}{조도} \times 100$$

7. 눈의 착각(optical illusion)

1) 인체는 시각을 통한 정보를 해석하고 판단하는 과정을 거치게 되는데 이 과정에서 눈의 작용을 통해 시각정보를 뇌에 전달하고 뇌에서 해석하는 과정이 필요하다. 하지만 이런 과정에서 착각이 일어나기도 한다. 그림 5-7은 눈이 착각을 일으키는 예를 나타내었다. (a)는 눈을 가까이 하거나 멀리하면 원이 움직이는 것처럼 보이고, (b)는 사각형 사이의 흰색 원

이 검정색으로 보이는 현상이 발생한다.

2) 시스템을 설계하는 과정에서 이러한 인체의 특성을 고려하여 사용자가 착각을 일으키지 않도록 설계해야 한다.

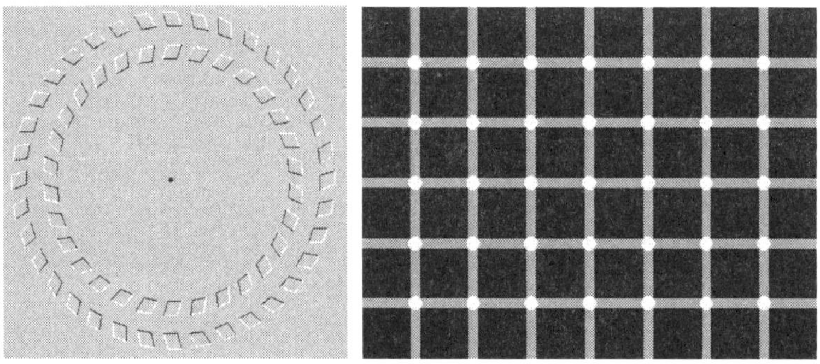

(a) (b)

그림 5-7. 눈의 착각

CHAPTER 06

청 각

제 6 장
청 각

6.1 귀의 구조와 기능

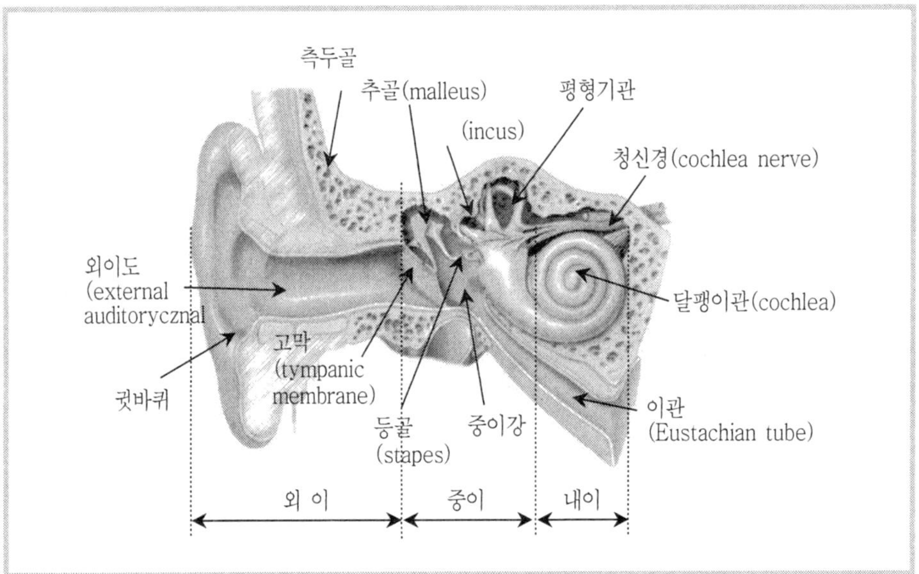

그림 6-1. 귀의 구조

1) 외이(outer ear)

(1) 귓바퀴에서 고막사이를 말한다.

(2) 소리를 모으고 증폭하며, 청각기관을 보호하는 역할을 한다.

(3) 이개(auricle), 외이도(auditory), 고막(tympanic)으로 구성되어 있다.

2) 중이(middle ear)

(1) 고막과 내이 사이에 있는 공기가 차 있는 공간

(2) 고막의 진동을 내이의 난원창으로 전달하고, 고막의 미세한 압력 변화를 22배로 증폭하여 내이의 림프액(lymph)에 전달하는 역할을 한다.

(3) 소골편(ossicle)으로 구성되며 소골편은 추골, 침골, 등골로 구성되어 있다.

(4) 고막의 경계로 안쪽에 위치하고 있다.

3) 내이(inner ear)

(1) 중이의 소골편을 통해 전달되는 진동은 림프액을 움직여 기저막(basilar membrane)을 진동하는 역할을 한다.

(2) 난원창, 정원창, 기저막, 달팽이관, 청신경 등으로 구성되어 있다.

6.2 음의 특성

1. 음의 특성과 측정

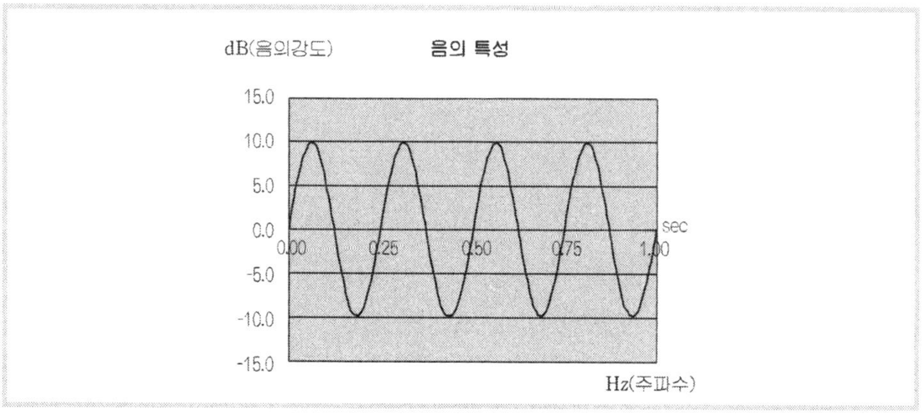

그림 6-2. 음의 특성

1) 음(sound) : 어떤 음원에서 생기는 진동에 의해 발생하며 음의 대표적인 두 가지 성질은 주파수(frequency)와 음의 진폭(amplitude)이다. 주파수가 높을 경우 고음의 소리가 나고, 진폭이 클 경우 소리가 크게 들린다.

2) 음파의 주파수

① 주파수(frequency) : 단위시간당 사이클(cycle) 수를 말하며, 단위는 Hz(헤르츠)를 사용한다.

② 일반적으로 사람의 귀는 20Hz ~ 20,000Hz를 감지할 수 있다. 하지만 각 주파수에 따라 개인적으로 느끼는 음의 감도는 개인의 특성에 따라서 다르다.

3) 음의 진폭(강도)

(1) 음의 진폭(amplitude) : 단위면적당 전력(watt/㎡)으로 정의되며, 음에 대한 값의 범위가 넓기 때문에 일반적으로 로그척도를 사용하여 나타낸다.

(2) 음의 진폭은 인간이 느끼는 음의 크기와 밀접한 관련이 있다

(3) 음의 진폭은 두 음의 강도의 비를 상용로그 값으로 나타낸 B(bel)을 기본측정단위로 사용하지만 일반적으로는 dB(decibel)을 사용하며 1dB = 0.1B이다.

(4) 음원출력(sound power of a source) : 직접 측정하는 방법이 없으므로 음원출력이 음압(sound pressure)에 비례하는 것을 이용하여 음압수준(SPL: Sound Pressure Level)을 구한다.

$$\text{SPL(dB)} = 10\log\left(\frac{p_1^2}{p_0^2}\right) = 20\log\left(\frac{p_1}{p_0}\right)$$

p_0 : 기준 음압으로 20μN/㎡

p_1 : 측정하고자 하는 음압

(5) 기준음압인 p_0는 0dB로 정하는데 계산을 위해 일반적으로 p_0을 20μN/㎡으로 한다. 이 음압은 이상적인 조건에서 건강한 성인이 겨우 들을 수 있는 1000Hz 순음에 해당하는 최소의 음압수준이다.

(6) 거리에 따른 음의 강도 변화

$$dB_2 = dB_1 - 20\log\left(\frac{d_2}{d_1}\right)$$

d_1 : 측정된 음압수준의 거리

d_2 : 떨어진 거리

d_{B_1} : d_1에서의 음압수준

d_{B2} : d_2에서의 음압수준

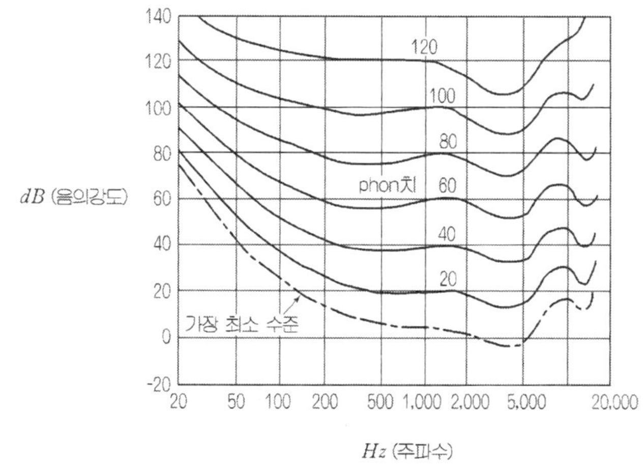

그림 6-3. 등음량 곡선

4) 복합음

(1) 일반적인 음 중에서 순음(pure tone)은 거의 없다.

(2) 악기의 음은 순음이 아니고 다른 음과 조합된 기본 주파수로 되어있고, 특히 화음의 주파수는 기본 주파수의 배음이다.

(3) 복합음을 나타내는 방법은 개별 성분의 음의 파형을 복합 파형으로 합성하는 것과 음을 주파수 대역에 따라 음의 강도를 나타내는 음 스펙트럼이 있다(Miller, 1947; 박경수, 1994).

5) 소리의 크기의 수준(단위)

(1) 사이클 c/s:1초 동안의 진동수

(2) 데시벨 dB:소리의 강도레벨

(3) 폰:음의 감각적, 주관적 크기의 수준이며 기준 음은1,000Hz이다.

(4) 손(음량):40dB의 1,000Hz 순음의 크기로 음의 상대적인 크기(1sone은 40phon)를 말한다. 일반적으로 140dB일 때 귀가 아프게 느껴지기 시작하는 한계이며 그 이상이 되면 파열된다.

(5) sabine : 음향흡수도를 말하며 실내 흡음 수준을 나타내는 척도, 음을 완전하게 흡수하는 1평방피트(ft2)의 표면에 상당하는 음향흡수 단위

6) 소리의 3요소

(1) 음의 세기:진폭(강도, 레벨)

(2) 음의 높이:진동수(고저)

(3) 음색:파형

7) 소리의 특징

(1) 반사:반사될 때의 입사각과 반사각은 같다.

(2) 굴절:소리가 흡수될 때 생기며 소리는 굴절되어도 진동수는 변하지 않는 특성이 있다.

(3) 회절:소리가 장애물을 우회하여 퍼져 나가거나 구멍을 통하여 나가는 현상을 말한다.

(4) 공명:발음체의 진동수와 같은 음파를 받으면 자신도 진동을 일으키게 된다.

(5) 잔향:소리를 끈 뒤에도 실내에 남아 있는 소리를 말한다.

(6) 간섭:소리가 동시에 들릴 때 서로 합해지거나 감해져서 들리는 현상이다.

(7) 맥놀이(beat) : 진동수가 약간 다른 두 소리가 간섭되어 일정한 합성파를 만드는 현상이다.

(8) 반향 : 소리가 반사될 때 일어나는 현상. 음원과 듣는 사람과의 거리가 17m이상 될 때 들리는 반사음을 말한다.

(9) 흡음감쇄현상 : 소리가 대기중에서 전달될 때 점점 작아지는 현상. 음의 진동에너지가 열

에너지로 변화한다.

(10) 음의 그림자 : 음이 들리지 않는 영역을 말한다.

8) 도플러의 효과

(1) 음원과 관측자가 상대속도를 가질 때 음원의 소리보다 더 높거나 낮은 소리를 듣게 되는 현상

(2) 접근해 오는 기차의 기적소리를 들어보면, 기차가 점점 다가올 때는 소리가 높이 들리다가 지나쳐서 점점 멀어지게 되면 갑자기 낮은 소리로 들린다.

2. 음량수준(loudness level)

음량수준을 측정하는 기본속성은 phon에 의한 음량수준, sone에 의한 음량수준, 인식소음수준, 의 세 가지로 나누어진다.

1) phon에 의한 음량 수준

(1) 정량적 평가를 하기 위한 음량수준척도로 단위는 phon을 사용한다.

(2) phon으로 표시한 음량수준은 이 음과 같은 크기로 들리는 1000Hz순음의 음압수준(dB)이다.

2) sone에 의한 음량 수준

(1) 40dB의 1000Hz순음의 크기를 1sone으로 정의하며 40phon의 크기와 같다.

(2) sone은 상대적인 주관적인 크기를 나타낸 것으로 구하는 식은

$sone = 2^{\{(phon-40)/10\}}$ 이다.

(3) 음량 수준이 10phon증가하면 음량(sone)은 2배가 된다.

(4) sone은 같은 dB수준을 갖는 단순음의 음량보다 크다.

3) 인식소음 수준

(1) PNdB(Perceived Noise level)라 불리는 인식소음수준의 척도는 같은 크기의 시끄러운 정도로 들리는 소음 음압수준(910Hz~1,090Hz)이다(Beranek, 1960).

(2) PLdB(Perceived Level of noise)라 불리는 인식 소음수준의 척도가 개발되었으며, 3,150Hz에 중심을 둔 1/3옥타브대의 음을 기준으로 사용된다(Stevens, 1972).

3. 청각전달에 관한 가설

1) 진동수 설(전화기설)

(1) 달팽이관은 외부로부터 들어온 음의 진동수를 분석하는 것이 아니고 귀에 들어온 음파에 의해 가해지는 진동수를 신경계에 전달하는 역할만을 하고 뇌에서 그것을 분석하여 해석하는 역할을 한다는 이론이다.

(2) 60Hz미만의 음역에서 청각전달과정을 설명하였다.

2) 위치설(공진설)

(1) 기저막의 섬유는 위치에 따라 길이가 다르기 때문에 외부로부터 들어온 음의 진동수에 따라 감수성이 달라지고 공진위치에 따라 음의 높이가 달라진다는 이론이다.

(2) 60Hz이상의 음역에서 청각전달과정을 설명하였다.

4. 은폐(maskng)

1) 정의 : 어떤 음의 가청역치가 다른 음 때문에 높아지는 것을 은폐라고 한다. 쉽게 말하면 소음 때문에 청각적 신호가 전달되지 않을 때 신호를 전달하기 위해서 청각적 신호의 크기를 크게 해야 하는 경우를 말한다.

2) 음폐음이 백색소음(white noise)일 때에는 음폐의 효과가 15dB~30dB정도 증가하므로 그 만큼 더 큰소리인 경우에만 청각적인 신호가 전달이 된다.

5. 음원의 위치추정

1) 양이(兩耳)간 강도차 : 3000Hz이상의 고주파 대역에서는 양 쪽 귀간의 강도차이가 발생한다.

2) 양이(兩耳)간 위상차(시간차) : 1500HZ이하의 저주파 대역에서는 양 쪽 귀간의 위상차이가 발생한다.

CHAPTER 07

감각 및 지각

제 7 장 감각 및 지각

7.1 인체의 감각

1. 피부감각(촉각)

1) 피부의 역할

(1) 몸 속의 여러 장기를 둘러싸고 있으며 신체의 전체표면을 덮고 있다.

(2) 외부의 자극으로부터 내부기관을 보호하고 생명을 유지하는 중요한 역할을 한다.

(3) 성인의 피부표면적은 16000㎠이고 중량은 체중의 16%이다.

2) 피부의 구조

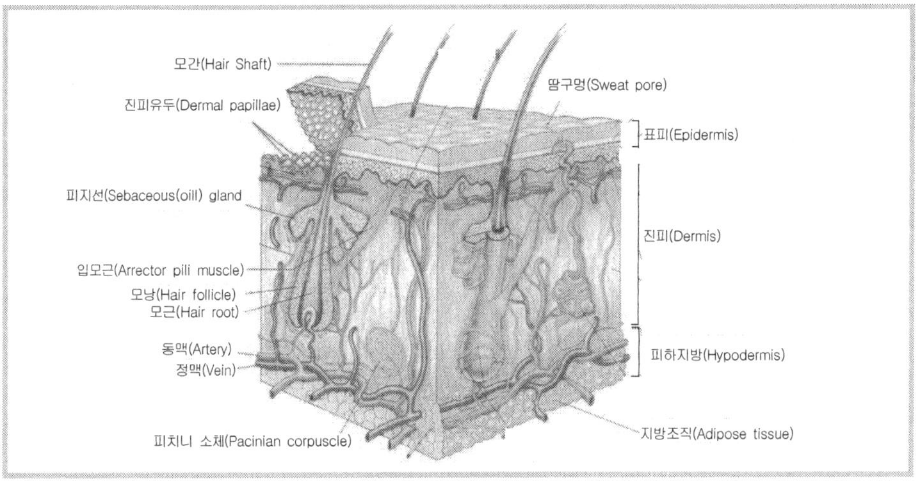

그림 7-1. 피부의 구조

(1) 표피(epidermis)

① 각화되는 매우 얇은 조직으로 중층편평상피로 구성되어 있고, 외부 자극으로부터 신체 내부를 보호하는 역할을 한다.

② 표피층의 분류 : 각질층투명층 과립층 유극층 기저층

③ 각질층(stratum corneum)·투명층(stratum lucidum)·과립층(stratum granul-osum)은 죽은 세포로 이루어져있는 무핵층이며, 유극층(stratum spinosum)·기저층(stratum basale)은 살아있는 세포로 이루어져있는 유핵층이다.

④ 표피를 구성하는 세포로는 각질형성세포(기저세포, keratinocyte), 멜라닌형성세포(색소세포, melanocyte), 랑게르한스세포(면역세포, langerhans cell), 머켈세포(촉각 세포, merkel cell) 등이 있다.

⑤ 표피는 계속하여 새로운 세포가 생성되고 이것이 죽은 각질 세포로 되어 떨어져 나가는 과정을 되풀이 한다.

(2) 진피(dermis)

① 표피의 10~40배 되는 두꺼운 층으로 피부의 90%를 차지하고 있는 결합조직이고 피부의 강도와 경도를 좌우하는 실질적인 피부이다.

② 진피는 크게 유두층(papillary layer)과 망상층(reticular layer)으로 구분되며 수분저장, 체온조절, 감각수용체 역할 및 피부를 재생시키는 기능을 한다.

③ 교원섬유(collagen Fiber)와 탄력섬유(elastin Fiber)및 기질 등의 구성물질은 피부층을 지지하는역할을 하며 피부의 탄력성과 윤기 등을 유지한다.

④ 혈관, 림프선(lymph node), 신경, 피지선(sebaceous gland), 한선 등을 갖고 있어 피부영양, 감각, 분비 등 중요한 기능을 담당하고 있다.

(3) 피하 조직(subcutaneous tissue)

① 진피와 근육, 골격 사이에 있는 부분으로 지방을 다량 함유하고 있고 피부의 가장 아래층에 위치하고 있기 때문에 피하조직이라고 한다.

② 외부의 압력으로부터 신체내부를 보호하고 체온유지, 수분조절, 에너지저장의 기능을 담당한다.

③ 체온의 과다발생을 방지하여 체온을 유지하여 주며, 칼로리와 과잉 지방의 저장소로

이용된다.

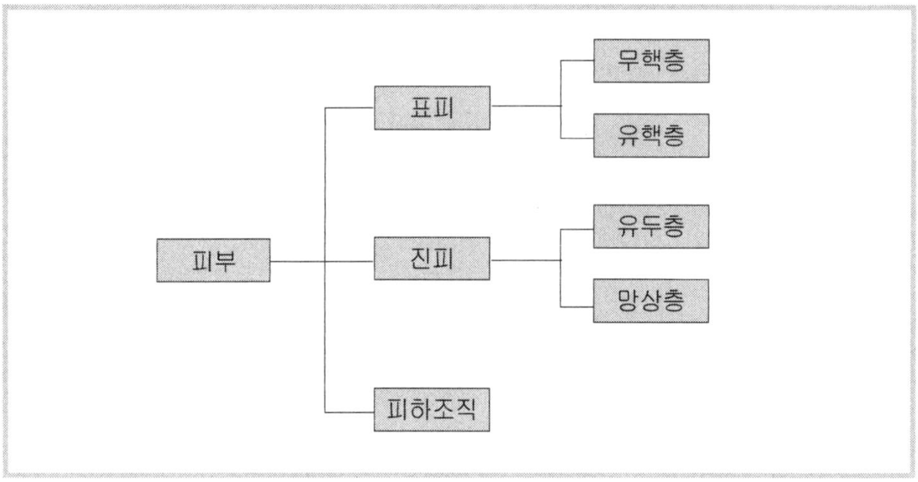

그림 7-2. 피부구조의 분류

3) 피부감각의 분포

(1) 피부의 감각 수용기 : 압각, 통각, 열각

(2) 말초신경(peripheral nerve)의 상호작용에 의해 다양한 감각을 느낀다.

(3) 인간의 피부1㎠에는 통점이 100~200개, 압점이 15~30개, 냉점이 6~23개, 온점이 1~3개 있다.

(4) 피부의 촉각 가운데 정보의 채널로서 중요한 역할을 지닌 신체부위는 손가락이다. 손가락의 피부가운데 촉각 또는 압각은 손끝의 피부에 밀집되어 있다.

4) 피부감각에 의한 체험의 분류

(1) 표면촉 : 손가락 끝이 물체의 표면에 접촉했을 때의 감각

(2) 공간에 충만되는 촉감 : 기류가 손이나 얼굴 등에 닿았을 때 감각

(3) 공간촉 : 물체와 손 사이에 끼워진 두께의 감각

(4) 투촉면 : 공간촉과 유사하지만 장갑이나 종이 등 좀 더 얇은 경우를 투과하여 느끼는 감각

2. 후각

후각은 가장 원시적이며 가장 중요한 감각이다. 유향물질의 미립자가 공기 중에 확산하여 후각기관을 자극하여 흥분을 일으켜서 대뇌에 전달하는데 이와 같이 냄새로 외계를 감지하는 심리적 변화를 후각이라 한다. 후각의 특징은일반적으로 냄새가 자극하여 일정한 시간이 경과하면 후각은 점점 쇠퇴하여 나중에는 냄새를 맡을 수 없게 된다. 이와 같은 현상을 순응에 의한 후각의 피로라 한다.

1) 코의 구조

(1) 외비(nasus externus external nose) : 피라미드 모양으로 돌출 되어 있으며 위쪽 부분은 뼈로, 중간과 밑부분(콧망울 부분)은 연골로 구성

(2) 비강(nasal cavity) : 양쪽 콧구멍 안쪽에서부터 목젖 뒤 비인강까지의 넓은 공간

(3) 부비강(paranasal sinus) : 비강의 주위를 둘러싸고 있는 여러 개의 공기주머니

(4) 코선반(nasal concha) : 비강의 외측 벽에 위치한 상, 중, 하의 3개의 콧살

(5) 점막(mucous membrane)의 상피 : 섬모(cilium)가 마치 융단과 같이 깔려 있으며, 섬모는 일정한 방향으로 운동하여 점액층에 포함된 작은 먼지나 세균을 인두로 운반한다.

2) 후각기관

(1) 냄새를 맡는 부위는 비강의 뒤쪽에 있는 후각부위에 있다.

(2) 후각기관은 후각세포와 지지세포, 기저세포로 이루어진 후각 점막이다.

3) 코의 역할

(1) 코는 호흡작용에 있어 중요하고 냄새를 맡는 역할을 한다.

(2) 사람은 말을 할 때 인두, 구강, 비강을 통해 공명함으로써 특유한 음색을 나타낸다.

(3) 코는 가습 및 정화작용을 위해 하루에 분비되는 콧속의 정액량은 1000cc의 점액을 콧속에 분비한다.

(4) 점액은 공기 중에 섞여 있는 미세한 먼지나 떠끌, 미생물 따위를 붙잡아 가래로 내보내거나 위 속으로 흘러 들여보내 살균시킨다.

4) 후각의 정보

(1) 코는 냄새의 존재를 검출하는 민감한 기관이지만 그 감도는 물질과 개인차이가 있다.

(2) 특정한 냄새의 절대적 농도를 판단할 때에는 후각이 유용하지 못하지만 상대적 비교를 할 때는 유용하다.

(3) 인간이 확인할 수 있는 냄새의 수는 냄새의 유형, 훈련량 등 인자에 딸라 달라지며, 훈련을 받은 피실험자는 60종류까지 자극을 구분할 수 있지만 일반적인 사람들은 15~32종류의 자극을 감지할 수 있다.

(4) 같은 종류의 냄새이고 강도만 차이 나는 경우에는 인간은 3~4가지 밖에 확인할 수 없다.

3. 평형감각

1) 특징

인체가 운동할 때 마다 신체 각부에 나타나는 동력작용의 변화를 곧 감지하고 그에 따라 호흡, 맥박 등을 조정하며 신체의 안정을 유지하고 그 중력에 가장 적합한 자세를 취하려고 하는 감각이다.

2) 평형감각 담당 주요기관

(1) 평형감각의 중심 역할을 하는 신체기관 : 삼반규관(三半規管)과 전정계(前庭階)

(2) 신체의 평형 상태를 감각하는 기관 : 내이(內耳)

(3) 평형감각의 영역 : 회전운동, 직진운동, 동요

(4) 조종동작에 가장 큰 영향을 주는 것 : 촉각

(5) 판단동작이 가장 확실한 것 : 촉각

7.2 지각의 특성

1. 지각의 일반적 특성

1) 지각의 특성

(1) 원자극적인 물체가 인간의 감각 수용기에 투사한 패턴인 근접자극은 애매모호하다.

(2) 지각은 근접자극을 묶는 집단화 과정을 거쳐 장면을 체계화한다.

(3) 이룩된 체계화는 어떤 목표를 가진 지각체계의 선택과 결정에 바탕을 둔다.

(4) 특정한 자극을 유발하는 중추과정들은 무의식적이다.

(5) 지각되는 내용은 객관적인 대상의 속성과 잘 일치하는 진실성이 있다. 즉, 지각은 엄밀하게 초기의 감각자료에만 좌우하지 않고 구성적이고 지능적이며, 진실성이 있고 고차적이며 거의 자동적으로 진행된다.

2) 지각과정

지각은 '지각 · 인지 · 태도 · 반응'을 거친다.

(1) 지각 : 실재하는 물리적, 환경적 감각기관을 통하여 감각하는 과정

(2) 인지 : 현존하지 않는 환경적 양상의 이미지를 기억하고, 조직하고, 재구성하며, 회상하는 과정

(3) 태도 : 물리적 환경 특징에 관한 선호적, 비선호적 감정을 표현하는 과정

2. 지각 체계화 원리(게쉬탈트의 지각심리, Gestalt Laws)

1) 근접성의 법칙 : 가까이 있는 시각요소들을 패턴이나 그룹으로 인지하게 되는 지각심리. 두뇌는 멀리 떨어져 있는 두 물체보다는 서로 근접해 있는 물체들을 밀접하게 연관시킨다는 내용이다. 가까운 거리에 있는 형태일수록 집단화되는 형상을 말한다.

2) 유사성의 법칙 : 형태와 색깔, 크기 등의 유사할 경우 함께 모여보이는 지각심리. 즉, 인간은 집중하기 위해서 가장 간단하고 안정적인 형태를 선택한다. 이 법칙이 정사각형, 원, 삼각형 등 가장 기본적인 모양의 중요성을 강조하여 유사한 시각 요소들은 연관되어 보인

다는 법칙이다. 유사성의 법칙의 예로 색맹검사표를 들 수 있다.

3) **연속성의 법칙 :** 점들의 연속이 선으로 지각되어 형태를 만드는 지각심리. 즉, 뇌는 선의 갑작스럽거나 급격한 움직임의 변화를 좋아하지 않고 가능한 한 선의 부드러운 연속을 추구한다는 법칙이다. 이 선은 그림의 일반적인 선이거나 서너 개의 물체가 모여서 선을 형성하는 것일 수 있으며 진행되는 방향에 따라 자연스럽게 연결되는 형태를 선호한다.

4) **폐쇄성(완결성)의 법칙 :** 불완전한 시각요소들을 완전한 형태로 지각하려는 심리. 즉, 벌어진 도형을 완결시켜 보이려는 법칙을 말한다. 불완전한 형이나 그룹들을 완전한 형태나 그룹으로 완성시키려는 경향이 있다는 것이다.

5) **단순화의 법칙 :** 어떤 형태를 접했을 때 복잡한 형태보다는 단순한 형태로 지각하려는 심리

6) **도형과 배경의 법칙 :** 도형과 배경이 순간적으로 번갈아 보이면서 다른 형태로 지각되는 심리

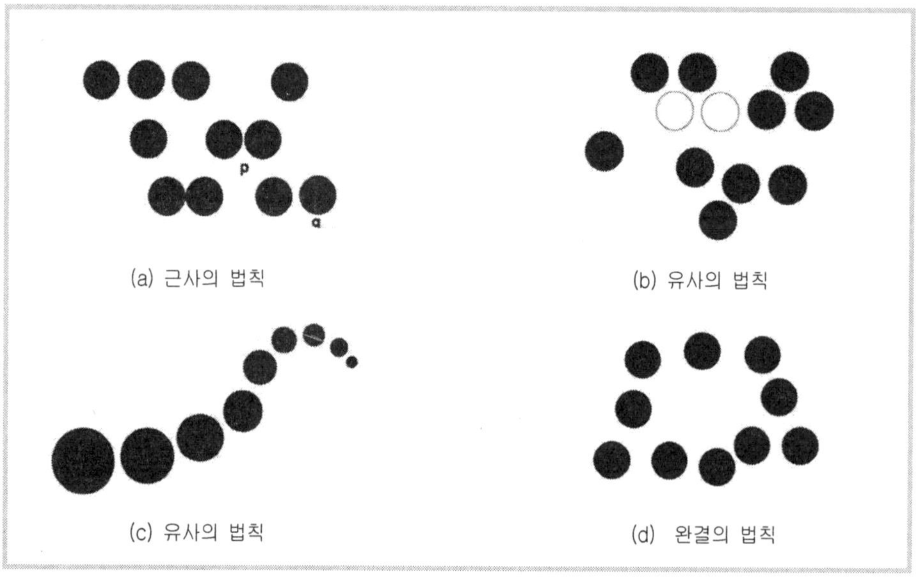

그림 7-3. 게쉬탈트의 법칙

3. 지각의 항상성

1) 사람들이 감각정보들이 변함에도 불구하고 물체가 안정된 특성을 항상 지니고 있는 것으로 지각하는 현상

2) 지각체제가 다양하게 변하는 감각정보를 처리할 때 여러 정보들의 중요성을 구별하고 추리하여 다루고 있다.

3) 항상성의 유형

(1) 크기의 항상성 : 대상이 떨어진 객관적 거리에 대한 정보를 무의식적으로 고려하여 크기가 같게 보이는 것

(2) 모양의 항상성 : 관찰자의 시각 방향에 관계없이 같은 모양을 가진 것으로 지각하는 경향

(3) 색조의 항상성 : 조도의 변화에도 불구하고 물체 표면의 색을 회색, 흰색 또는 검은색으로 같게 보는 현상

(4) 색채의 항상성 : 주변의 조명조건에 관계없이 같은 색깔을 가진 것으로 보는 경향

(5) 위치의 항상성 : 관찰자가 움직이더라도 대상 자체는 다른 대상들과의 관계에서 움직이지 않는 것으로 지각되는 현상

(6) 방향의 항상성 : 한 대상을 바라볼 때 응시하는 방향이 변함에도 불구하고 대상이 있는 방향이 일정하다고 판단하는 경향

4. 공간지각

1) 단안시(한눈 보기)

한쪽 눈만으로 물체를 지각하고, 3차원을 어느 정도를 알 수 있다.

(1) 겹침 또는 중첩

한 물체가 다른 물체를 가릴 때, 가리는 물체가 그렇지 않은 물체보다 더 가까이 위치한 것으로 판단된다.

(2) 상대적 크기 또는 직선조망

먼 곳에 있는 것은 가까운 곳에 있는 것보다 망막상이 작다. 그러므로 가까이 있는 것과 같은 크기의 물건이 작은 망막상을 맺게 되며 먼 곳에 있는 것으로 지각된다.

(3) 평면에서의 높이

평면에서 볼 때 멀리 떨어져 있는 물체들은 높은 곳에 위치해 있는 것으로 판단된다.

(4) 표면의 결

원근에 의해 관찰자로부터 거리가 가까운 지점은 결이 무성하지 않으며, 거리가 멀수록 단위면적당 결이 빽빽이 보여 거리 판단을 용이하게 한다.

(5)명료도

일반적으로 더 명확하게 보이는 것은 가깝고, 먼 곳에 있는 것은 흐리게 보인다.

(6)음영

그림자가 물건을 아랫부분에 있으면 블록하게 보이고, 윗부분에 있으면 오목하게 보인다. 물건 옆에 그림자가 있으면 그것이 공간지각의 단서가 된다.

2) 양안시

(1) 괴리현상(양안부등, 兩眼不等)

두 눈의 망막에 약간씩 다른 상을 맺게 되는 현상, 공간의 거리지각의 단서가 된다.

(2) 이중상

응시점에 따라 그보다 가까이 있는 것 또는 먼 곳에 있는 것은 망막에 이중상을 맺는다. 즉 이중지각은 공간지각의 단서가 된다.

(3) 수렴현상

시점을 고정하기 위하여 시점과 눈의 거리에 따라 두 눈이 한데 모이는 현상이다.

3) 입체시

물체들이 두 눈을 자극하되 각기 별도로 자극하여 거리가 생생하게 경험되도록 하는 현상

7.3 운동지각

1. 운동지각의 특성

1) 반응시간

(1) 자극에 따른 속도 : 귀에 의한 자극 반응시간은 눈에 의한 것보다 짧다.

(2) 자극의 크기 : 식별력 이상이나 정해진 한도까지는 큰 자극일수록 반응시간이 짧다.

(3) 훈련 여부 : 간단한 반응은 훈련에 의하여 10%정도 반응시간을 단축가능하다.

(4) 주의 여부 : 주의를 요한 다음 미리 일러두면 반응시간이 짧아진다.

(5) 반응하는 운동부분 : 오른손잡이는 오른손이, 왼손잡이는 왼손이 빠르다.

(6) 연령과 성별에 따라 반응시간은 달라진다.

2. 운동지각

1)실제 운동지각

(1) 다람쥐 효과

배경에 따라 운동지각이 변하는데, 배경이 복잡하면 빠르게, 단순하면 느리게 움직이는 것처럼 지각되며, 또한 움직이는 물체가 적을수록 빨리 움직이는 것처럼 보이는 현상

(2) 운동의 잔상

움직이는 자극에 계속적으로 주목하면 운동의 잔상이 생긴다. 실제 운동과 반대방향으로 생긴다.

2)비운동자극에서의 운동지각

운동시의 착각은 동일한 형태이지만, 크기의 물체를 다르게 느낀다거나 동일한 길이의 두 가지 형태를 다른 한편보다 길게 느낀다든지 하는 현상을 말하며, 운동시에 관한 3대 착각은 자동운동, 유도운동, 가현운동을 말한다.

(1) 운동시차(Parallax)

관찰자가 움직이면 가까운 것은 반대방향으로, 먼 것은 같은 방향으로 움직이는 것처럼 보이는 현상(기차를 타고 갈 때의 가까운 산과 먼 산)

(2) 운동조망(運動眺望)

반대방향으로 움직이는 물건들 중에서 상대적으로 멀리 있는 것은 천천히 움직이고, 가까이 있는 것은 빨리 뒤쪽으로 움직이는 현상

(3) 유도운동(誘導運動, induced movement)

정지해 있는 것을 움직이는 것으로 느낀다든가 반대로 운동하고 있는 것을 정지해 있는 것으로 느끼는 현상, 예로는 열차나 자동차가 줄지어 정차해 있을 때 다른 편 차가 움직이는 것인데도 불구하고 자신이 타고 있는 차가 반대 방향으로 움직이는 것처럼 느끼는 경우.

(4) 가현운동(假現運動, β운동, apparent movement)

인접된 두 점에 초당 12~20회의 속도로 각각 광선을 투사하면 두 점 사이에 광선이 왔다 갔다하는 운동지각을 하게 된다. 실제로 움직이지는 않지만, 객관적으로 정지하고 있는 대상물이 급속히 나타나든가 소멸하는 것으로 인하여 일어나는 운동으로 마치 대상물이 운동하는 것처럼 인식되는 현상이다(영화 영상의 방법).

(5) 자동운동(自動運動, automatic movement)

캄캄한 방에서 조그만 불빛을 보여주면 비록 이 불빛이 정지되어 있는데도 불구하고 움직이는 것처럼 보이는 현상을 말한다. 자동운동이 생기기 쉬운 조건은 다음과 같다.

① 광점이 작을 것

② 시야의 다른 부분이 어두울 것

③ 광의 강도가 작을 것

④ 대상이 단순할 것

7.4 착시(Optical illusion, Hallucination)

항상성과 반대, 원자극을 왜곡해서 지각하거나 도형이나 색채에 대한 착오를 시각의 착시라 한다.

표 7-1. 착시현상

학설	그림	현상
Muler-Lyer의 착시	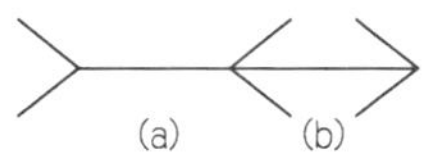	a가 b보다 길게 보인다. 실제는 a = b이다.
Helmholz의 착시	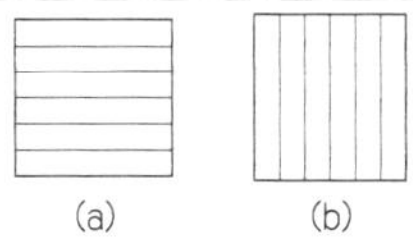	a는 세로로 길어 보이고, b는 가로로 길어 보인다.
Herling의 착시	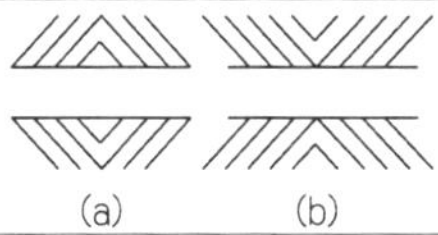	a는 양단이 벌어져 보이고, b는 중앙이 벌어져 보인다.
Kohler의 착시	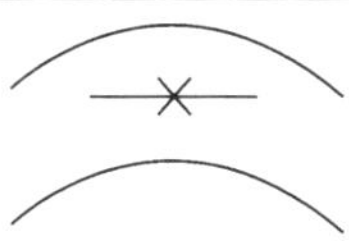	우선 평형의 호를 본 후 즉시 직선을 본 경우에 직선은 호의 반대방향으로 굽어 보인다.
Poggendorf의 착시	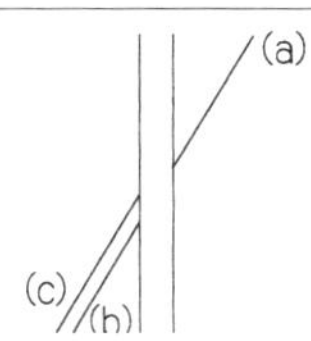	a와 c가 일직선으로 보인다. 실제는 a와 b가 일직선이다.
Zoller의 착시	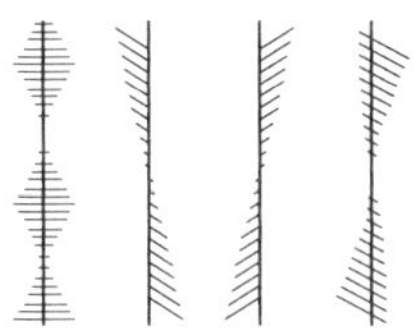	세로의 선이 굽어 보인다.
Hering의 착시	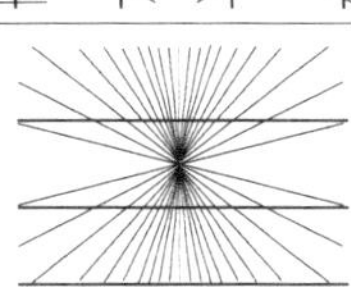	가운데 두 직선이 곡선으로 보인다.
Orbigon의 착시	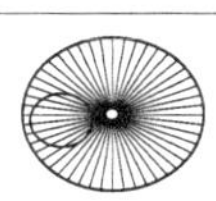	안쪽 원이 찌그러져 보인다.
Sander의 착시	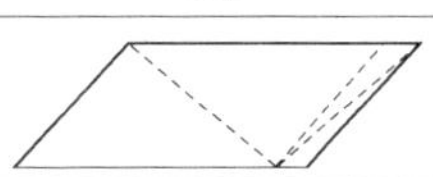	두 점선의 길이가 다르게 보인다.
Ponzo의 착시	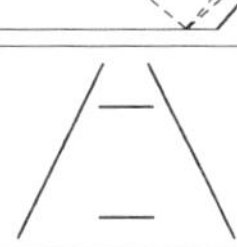	두 수평선부의 길이가 다르게 보인다.

CHAPTER 08

작업공간 설계 및 작업환경 조건

제 8 장
작업공간 설계 및 작업환경 조건

8.1 작업공간 설계

1. 작업공간

1) 작업공간 포락면(Work space envelope) : 일정한 장소에 앉아서 작업을 수행할 때 작업자가 작업에 사용하는 공간을 말한다. 이러한 작업공간 포락면을 설계할 때에는 작업자의 연령, 성별 등의 인체특성뿐만 아니라 작업의 목적이나 환경 등의 다양한 특성이 고려되어야 한다.

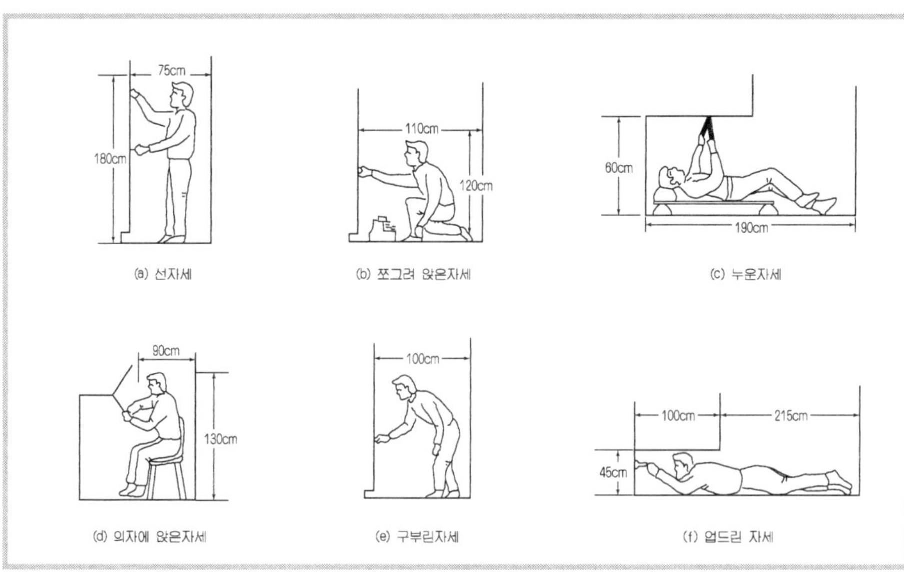

그림 8-1. 특수작업영역

2) 작업공간 파악한계(Grasping reach) : 작업자가 앉은 자세에서 특정한 수작업(手作業) 기능을 편히 수행할 수 있는 공간의 외곽 한계를 말한다.

3) 특수작업영역 : 그림 8-1과 같이 일반적인 작업자세가 아닌 특수한 상황에 발생하는 작업영역을 말한다.

2. 작업영역

1) 수평 작업영역

(1) 정상작업영역(normal working area) : 상완(upper arm)을 자연스럽게 늘어뜨리고 전완(forearm)만을 이용해서 파악할 수 있는 영역. 약 34~45 cm 정도이며 작업시 많이 쓰이는 도구는 이 범위 안에 둔다.

(2) 최대작업영역(maximum working area) : 상완(upper arm)과 전완(fore arm)을 모두 최대한 뻗어서 파악할 수 있는 영역. 약 55~65 cm정도이며 도구는 이 범위내에 둔다.

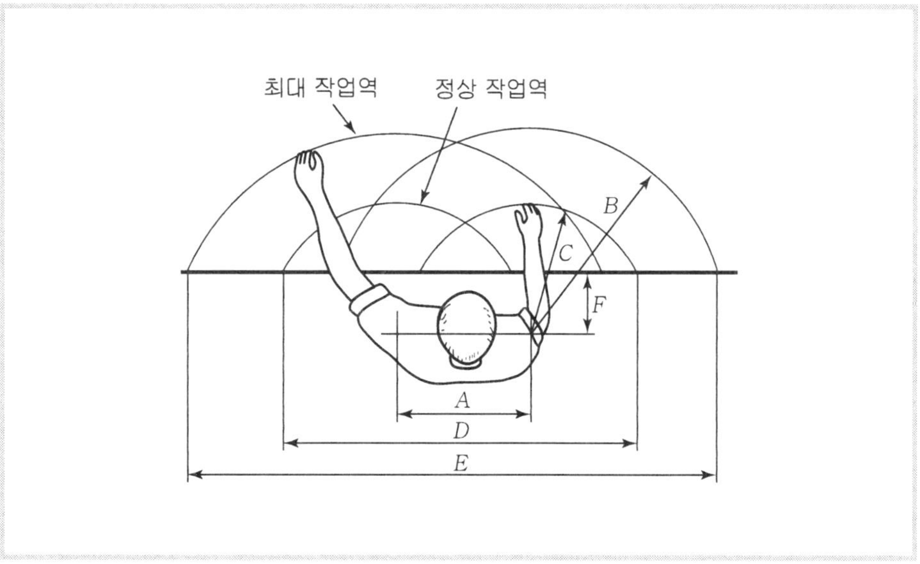

그림 8-2. 수평작업영역의 종류

2) 수직 작업영역

(1) 제1영역 : 손이 가장 쉽게 닿는 영역

(2) 제2영역 : 손을 위로 약간 올려야 닿는 영역

(3) 제3영역 : 허리를 구부리거나 앉아야 닿는 영역

(4) 제4영역 : 손을 위로 높이 뻗어야 닿는 영역

(5) 제5영역 : 웅크리고 앉아 허리를 많이 굽혀야 닿는 영역

3) 입체 작업영역

수직작업영역의 각 지점에 수평작업영역을 합한 것으로 작업영역을 입체적으로 나타낸 것이다.

3. 공간이용 및 배치

1) 여유공간(clearance)

(1) 작업의 효율성과 작업자의 안락감을 주기 위해서는 이러한 측정영역 외에도 여유공간이 필요하다. 그리고 일반적인 인체측정은 나체측정을 원칙으로 하기 때문에 작업복을 착용하거나 보호구를 착용했을 경우에는 치수가 달라지므로 여유공간이 필요하다.

(2) 여유공간이 부족하면 작업자가 작업에 불편을 느끼므로 생산성도 떨어지고, 작업자에게 피로를 가중시킨다.

2) 작업공간의 배치(lay out)

(1) 부품배치의 원칙(작업배치의 원칙)

① 중요성의 원칙 : 사용하는 도구나 재료의 중요도에 따라서 우선순위를 정해서 중요도가 높은 것을 우선적으로 배치한다.

② 기능별 배치의 원칙 : 비슷한 기능을 하는 조종장치나 표시장치는 그룹을 지어서 인접하도록 배치한다.

③ 사용빈도의 원칙 : 작업의 사용빈도가 높은 것을 우선적으로 배치한다.

④ 사용순서의 원칙 : 시스템에서 조종장치와 표시장치의 사용순서를 파악하여 순서에 맞게 배치한다.

(2) 개별작업 공간의 설계지침(표시장치와 조종장치의 시스템)

① 1순위 : 주된 시각적 임무

② 2순위 : 주 시각임무와 상호 교환하는 주 조종장치

③ 3순위 : 조종장치와 표시장치간의 관계

④ 4순위 : 사용순서에 따른 부품의 배치

⑤ 5순위 : 자주 사용되는 부품은 편리한 위치에 배치

⑥ 6순위 : 체계 내 또는 다른 체계의 배치와 일관성 있게 배치

3) 작업대와 작업용 의자의 설계

(1) 작업대의 설계

① 중(重)작업 : 작업대의 높이가 팔꿈치의 높이보다 10cm~20cm 낮게 설계한다.

② 경(輕)작업 : 작업대의 높이가 팔꿈치의 높이보다 0cm~10cm 높게 설계한다.

③ 정밀(精密)작업 : 작업대의 높이가 팔꿈치의 높이보다 10cm~20cm 높게 설계한다.

(2) 작업용 의자의 설계

① 의자에 앉았을 때 체중이 주로 좌골결절(ischiadic tuberosity)에 실리도록 설계

② 좌판의 앞부분은 대퇴를 압박하지 않도록 오금높이보다 높지 않게 설계

③ 좌판의 폭은 사용자의 95%에 해당하는 사람을 기준으로 하고 깊이는 대퇴를 압박하지 않도록 사용자의 5%에 해당하는 사람을 기준으로 설계

④ 좌판의 높이조절 및 등받침의 경사조절이 가능하도록 설계

㉠ 사무용 의사의 좌판 각도:3°, 등판 각도:100°

㉡ 휴식용 의자의 좌판 각도:25°, 등판 각도:105~108°

⑤ 허리부분을 지지할 수 있는 허리받침이 있도록 설계

⑥ 안정감이 있는 5발 이상의 구조로 설계

8.2 작업환경 조건

01 조명

1. 빛과 조명

1) **빛 :** 망막을 자극하여 시각을 발생하는 복사에너지를 말한다. 이러한 빛은 단순하게 물리적 성질, 심리적 성질을 가진 것이 아니고 심리적 · 물리적 성질을 동시에 갖는다.

2) **조명 :** 인간이 활동을 하기 위해 시각적으로 충분한 빛을 제공하는 하는 것으로 조명의 밝기가 작업에 영향을 줄 수 있다.

2. 작업장 조명관리

1) 조명관리의 목적

(1) 눈의 피로를 감소시키고 재해를 방지

(2) 작업능률의 향상

(3) 정밀작업이 가능

(4) 불량품발생률 감소

(5) 쾌적한 작업환경 조성

2) 조명의 수준

(1) 광도(luminosity): 광원에서 방출되는 빛의 세기로 단위는 cd(candela)를 사용함

(2) 광속(luminous intensity): 단위면적당 단위 시간에 통과하는 빛의 양으로 단위는 lm(lumen)을 사용함

(3) 조도(illuminance): 단위면적을 비추는 광속으로 단위는 lux를 사용함

$$조도 = \frac{광도}{(거리)^2}$$

(4) 휘도(brightness): 빛이 어떤 물체에 반사되어 나온 양으로 단위는 L(lambert)를 사용함

$$휘도 = \frac{조도 \times 반사율}{\pi}$$

(5) 대비(contrast): 표적의 휘도와 배경의 휘도의 차이

$$대비 = \frac{L_b - L_t}{L_b} \times 100$$

L_b : 배경의 휘도

L_t : 표적의 휘도

(6) 반사율: 표면에 도달하는 조명과 반사에 의해 나타나는 조명에 의한 관계의 비율

① 옥내최적반사율

(가) 천장: 80~90%

(나) 벽: 40~60%

(다) 가구: 25~45%

(라) 바닥: 20~40%

3) 휘광(현휘, glare)

(1) 시야 내에 휘도의 수준이 눈이 적응된 광도보다 밝기 때문에 생기는 현상으로 불쾌감, 성가심 등을 주며 가시성에 방해가 되어 작업의 수행능력이 저하된다. 그러므로 작업장에서 발생하는 휘광을 감소시키는 것이 필요하다.

(2) 휘광을 감소시키는 방법

표 8-1. 휘광을 감소시키는 방법

원인	대책
광원으로부터의 직사 휘광	휘광이 낮은 조명기구를 선택함
	광원의 휘도를 감소시킴
	광원주위에 휘도를 높여 휘도비를 감소시킴
	조명기구를 시선에서 멀리 떨어뜨림
	가리개, 차양 등을 사용함
창문으로부터의 직사 휘광	창문의 높이를 높게 설계함
	창문위쪽으로 옥외에 차양을 설치함
	창문안쪽으로 수직 판을 설치하여 직시선을 제한함

원인	대책
창문으로부터의 직사 휘광	조명기구에 가리개를 설치하여 빛의 대비를 감소시킴
	창문에 쉐이드, 블라인드 등을 사용함
반사에 의한 휘광	조명기구의 휘도를 낮춤
	간접조명을 사용하는 등의 방법으로 일반 조명수준을 높임
	확산조명, 간접조명, 차양 등을 사용함
	반사광이 눈에 들어오지 않도록 작업장을 배치함
	사무기기를 무광으로 사용함

4) 적절한 조도 수준

(1) 조도는 연령, 작업속도, 작업유형 등에 많은 영향을 주기 때문에 작업의 특성과 작업자의 연령 등을 고려해서 적절한 조도수준을 유지하는 것이 필요하다.

(2) 산업안전보건기준에 관한 규칙에 따른 작업별 권장조도 수준

① 초정밀작업 : 750 lux이상

② 정밀작업 : 300 lux이상

③ 보통작업 : 150 lux이상

④ 기타작업 : 75 lux이상

(3) 권장조명수준의 결정

$$권장조명수준(f_c) = \frac{소요광도(f_L)}{반사율(\%)}$$

표 8-2. 실내조명 설계 시 권장조도수준

분류	활동유형	조도범위(저-표준-고, lux)
A	주위가 어둡지만 시식별이 요구되는 곳	3 - 4 - 6
B	주위가 어둡고 거의 사용되지 않는 곳	6 - 10 - 15
C	주위가 어두운 공공장소	15 - 20 - 30
D	일시적으로 작업이 수행되는 곳	30 - 40 - 60
E	시(視) 작업이 조금 발생하는 곳	60 - 100 - 150
F	대비가 높거나 대상물이 큰 시각작업을 하는 곳 (예: 인쇄물, 일상적 검사작업, 비 정밀조립작업)	150 - 200 - 300

분류	활동유형	조도범위(저-표준-고, lux)
G	대비가 보통이거나 대상물이 작은 시각작업을 하는 곳 (예: 일반적 인쇄물 읽기, 일반적인 조립작업)	300 – 400 – 600
H	대비가 낮거나 대상물이 작은 시각작업을 하는 곳 (예: 시각적으로 힘든 검사작업, 거친 인쇄물작업)	600 – 1000 – 1500
I	장시간 동안 대비가 낮거나 대상물이 매우 작은 시각작업을 하는 곳 (예: 정밀조립작업, 시각적으로 매우 힘든 검사작업)	1500 – 2000 – 3000
J	장시간 동안 정밀한 시각작업을 하는 곳 (예: 시각적으로 가장 힘든 검사작업, 초정밀조립작업)	3000 – 4000 – 6000
K	대비가 매우 낮거나 매우 정밀한 시각작업을 하는 곳 (예: 외과수술)	6000 – 10000 – 15000

02 소음

1. 소음(noise)

1) **정의 :** 일반적으로는 자신과 관련이 없는 불필요한 소리를 말한다. 하지만 정보이론적인 관점에서는 주어진 작업에 대해서 작업을 수행하고 완료하는데 관련이 없는 자극이라고 정의한다.

2. 소음수준

1) 가청주파수 : 20~20,000 Hz

2) 소음이 인체에 미치는 영향

표 8-3. 소음이 인체에 미치는 영향

인체영향	소음수준
심리적인 영향	40dB 이상
생리적인 영향	60dB 이상
소음성 난청	90dB 이상에서 하루 8시간노출

3) 소음의 영향

(1) 심리적인 영향 : 작업자들을 정서적으로 불안하게 하고 집중력을 저하시킨다.

(2) 생리적인 영향 : 작업자를 예민하게 만들어서 말초순환계의 혈관을 수축시키며 아드레날린을 분비시키기 때문에 맥박도 빨라지고 뇌압이 상승하는 등의 현상이 발생된다.

(3) 청력에 미치는 영향

① 일시적 난청 : 어느 정도 큰 소음을 들은 직후에 일시적으로 일어나며 짧으면 수초에 길면 수일 후에 정상으로 회복된다.

② 영구적 난청 : 소음에 노출된 직후 2일~3주가 지나도 정상으로 회복되지 않는 경우를 말하며 이는 직업병으로서 4,000 Hz정도부터 난청이 진행된다.

③ 직업성 난청 : 소음이 심한 작업장에서 일하는 작업자에게 발생되는 음향성내이 신경염으로서 4,000 Hz에서부터 청력손실이 진행되고 심한 경우에는 청력을 잃게 된다.

④ 노인성 난청 : 노화현상에 따라서 발생되는 청력장애로 10,000Hz이상의 고주파에서부터 청력손실이 진행된다.

⑤ 청력손실의 특성

(가) 청력 손실은 노출소음의 수준에 따라서 증가한다.

(나) 청력손실은 4000 Hz에서 크게 나타난다.

(다) 청력손실은 강한 소음의 경우에는 노출된 기간에 따라서 증가한다.

(라) 청력손실은 약한 소음의 경우에는 노출된 기간과 관계가 없다.

(4) 마스킹효과(masking effect) : 어떤 소리에 의해서 동시에 들리는 다른 소리를 들을 수 있는 능력을 감소시키는 현상을 말한다.

3. 소음노출 기준

1) 미국산업안전보건청(OSHA)의 규정

표 8-4. 미국산업안전보건청(OSHA)의 소음규정(비 충격소음)

소음수준	하루 노출기준
80 dB(A)	32 시간
85 dB(A)	16 시간

소음수준	하루 노출기준
90 dB(A)	8 시간
95 dB(A)	4 시간
100 dB(A)	2 시간
105 dB(A)	1 시간
110 dB(A)	0.5 시간

표 8-5. 미국산업안전보건청(OSHA)의 소음규정(충격소음)

최대 소음수준	하루 8시간 기준 충격소음의 최대횟수
140 dB(A)	100 회
135 dB(A)	316 회
130 dB(A)	1,000 회
125 dB(A)	3,162 회
120 dB(A)	8,913 회
115 dB(A)	31,623 회
112.4 dB(A)	57,600 회

2) 산업보건기준에 관한 규칙에서 소음의 노출기준은 미국의 권장사항을 따르고 있다. 하지만 충격소음의 경우 140dB은 백 회, 130dB은 천 회, 120dB은 만 회로 규정하고 있으며 120dB인 경우에 약간의 차이가 난다.

4. 장소별 소음 강도 및 소음 관리

1) 장소별 허용 소음 강도

(1) 도서관:40 dB

(2) 은행, 상점, 식당:50dB

(3) 사무실:80dB

(4) 녹음 스튜디오:25dB

(5) 듣기 불쾌한 dB의 정도:110dB 이상의 소음

(6) 작업을 방해하는 소음:90dB 이상의 소음

(7) 이해도가 떨어지는 소음 강도:80dB

2) 소음을 통제하는 방법

(1) 소음원의 통제

(2) 소음의 격리

(3) 차폐장치 및 흡음제 사용

(4) 음향처리제 사용

(5) 소음원과 작업자의 적절한 배치

3) 소음의 노출수준을 줄이는 방법 : 귀마개, 귀덮개 등의 보호구를 사용

4) 건축 및 인테리어 분야에서의 소음 방지법

(1) 창문을 이중유리로 한다.

(2) 벽, 천장을 흡음재로 시공한다.

(3) 벽, 문을 불규칙하게 설치한다.

(4) 바닥에 리놀륨, 코르크를 깐다.

(5) 돔(dome) 형태의 천장을 설치하지 않는다(소음이 머리 위에 집중)

03 진동

1. 진동(vibration)

1) 정의 : 물체가 상하 또는 좌우로 왕복운동을 하는 것을 말하며 일반적으로 소음을 수반하게 된다.

2) 인체에 미치는 진동의 종류

(1) 전신진동(whole body vibration)

① 인체를 지지하고 있는 구조물, 장비 등을 통해서 전신에 전달되는 진동으로 100Hz미

만의 저주파이다.

② 진동원(振動原)으로는 운송차량, 백호, 선박, 분쇄기 등이 있다.

③ 주파수, 가속도에 따라서 인체에 미치는 영향이 달라진다.

④ 장시간 노출될 경우에는 무릎의 관절, 허리 등에 손상이 발생될 수 있다.

(2) 국소진동

① 인체의 일부에 국소적으로 전달되는 진동으로 진동이 발생되는 수공구를 사용하는 작업장에서 많이 노출된다.

② 진동원(振動原)으로는 착암기, 체인톱, 임팩트 렌치 등이 있다.

③ 장시간 노출될 경우에는 팔꿈치, 어깨 등의 관절부위에 손상이 발생될 수 있다.

3) 진동의 영향

(1) 심리적인 영향

① 심리적으로 안정이 되지 않으며 심한 경우에는 정신적인 불안증상이 나타난다.

② 불면증에 시달리거나 집중력이 저하될 수 있다.

(2) 생리적인 영향

① 호흡량 증가, 심박수 상승, 근육의 긴장 등 심혈관계 및 소화계에 영향을 미친다.

② 내분비계반응, 척수, 청각, 시각 등에 장애가 발생할 수 있다.

(3) 작업에 미치는 영향

① 시각작업, 추적작업에 영향을 미쳐서 작업수행능력이 떨어진다.

② 정밀한 작업을 요하는 경우에는 진동에 의해 작업의 효율성이 떨어진다.

4) 진동의 공명: 모든 물체는 자신만의 고유진동수를 가지고 있다. 이러한 고유의 진동수와 외부의 진동수가 같아지면 진폭의 크기가 증대되는 현상이 발생되는데 이를 공명(resonance) 현상이라고 한다.

(1) 두부와 견부 : 20~30Hz

(2) 안구 : 60~90Hz

(3) 경부 : 3~4Hz

(4) 흉부와 복부 : 4~8Hz

5) 진동의 주파수에 따른 영향

(1) 6Hz : 가슴과 등 부위에 통증 발생

(2) 13Hz : 머리, 안면, 눈꺼플에 진동 발생

(3) 4~14Hz : 복통이 발생

(4) 9~20Hz : 무릎의 탄력감이 떨어짐

2. 진동노출 기준

1) 미국 산업위생가협회(ACGIH)의 전동공구 사용의 진동노출 기준

표 8-6. 전동공구 사용의 진동노출 기준

하루 노출시간	최고 주파수 가중 가속치
4~8 시간	4 m/s^2
2~4 시간	6 m/s^2
1~2 시간	8 m/s^2
1시간 미만	12 m/s^2

3. 진동관리대책

1) 진동의 종류에 따른 관리대책

표 8-7. 진동의 관리대책

진동의 종류	관리대책
전신진동	진동발생원을 격리함
	방진매트 사용함
	지속적으로 장비를 수리하고 관리함
	진동 저감 의자를 사용함
국소진동	진동기준이 최저인 공구를 사용함
	방진공구, 방진장갑 사용함
	연장을 잡는 악력을 감소시킴

진동의 종류	관리대책
국소진동	진동공구의 사용을 최소화 하고 진동공구를 대체할 방법을 강구함
	저온에서는 진동공구의 사용을 자제하고 필요 시 손을 따뜻하게 유지시킴

2) 일반적으로 모든 진동을 줄이기 위한 관리적인 대책은 교대작업을 하거나 휴식시간을 조절하는 등을 통해서 작업자의 노출 시간을 줄여서 관리를 한다.

04 고온, 저온 및 기후환경

1. 열 스트레스 및 평가

1) 열교환

(1) 인체는 체온을 유지하기 위해서 지속적으로 외부와 열 교환 과정을 거치게 된다.

(2) 인체는 대사활동을 하면서 계속해서 열을 발생시킨다.

(3) 성인 남자의 경우 휴식상태에서는 1 kcal/min이 넘는 열을 내며, 앉아서 하는 활동에서는 1.5~2.0 kcal/min, 일반적인 활동에서는 5 kcal/min, 강도 높은 중노동을 할 경우에는 10~20 kcal/min의 열을 발생시킨다.

(4) 인체의 대사 활동은 끊임없는 활동이므로 항상 주위와의 열 평형 과정에 있다.

2) 열교환 과정

(1) 전도(conduction) : 인체에 직접적인 접촉에 의한 열교환 과정으로 거의 발생되지 않는다.

(2) 대류(convection) : 차가운 공기나 더운 공기가 인체에 직접적으로 접촉하여 발생하는 열교환 과정이다.

(3) 복사(radiation) : 실외에서는 태양에 의한 복사열, 현장에서는 전기로 · 용해로 등에 의해 발생되는 복사열로 인해 인체가 열에 노출된다.

(4) 증발(evaporation) : 외부의 열로 인해 인체에 있는 수분이 증발하는 과정이다.

3) 열 교환 방법 : 열 교환 방법은 열의 복사, 대류, 증발 과정에 의해 발생하게 된다.

4) 실효온도 : 작업장내의 열 온도 환경을 평가하기 위한 지표로서 Oxford지수, 습구흑구온도지수가 있다. 우리나라는 이 중에서 습구흑구온도지수를 사용해서 고열작업장에 대한 허용기준으로 사용한다.

(1) Oxford지수 : Oxford지수는 건습지수로서 습구온도와 건구온도의 가중 평균치로 나타낸다.

(2) 습구흑구온도지수 : 옥내작업장이거나 햇빛이 없는 옥외작업장인 경우와 옥외작업장인 경우에 따라서 조금 차이가 있다.

5) 실효온도의 결정요소

(1) 온도

(2) 습도

① 대부분의 사람들은 상대습도 70%까지는 안락함을 느끼지만 이상적인 상대습도는 30~35%이다.

② 16°C이하의 기온에서는 대류복사, 증발에 의한 열손실로 체온을 강하시킨다.

③ 26°C이상에서는 체온을 강하시키는 정도 이상으로 더 많은 열을 대류나 복사로 받게 된다.

④ 고온 다습한 날의 상대적 습도는 높으며, 수분증발은 느려서 덥게 느껴진다.

(3) 대류

① 작업장의 기류의 속도는 6~7m/min 정도가 적당함

② 환기를 위한 창의 면적은 바닥면적의 1/20 이상이 되어야 한다.

③ 기온이 10°C 이하일 때에는 1m/sec이상의 기류에 직접접촉을 금지

2. 고열 및 한랭 작업

1) 고열작업의 스트레스

(1) 생리적인 영향 : 피부의 혈관이 확장되어 혈액을 피부로 보내는 양이 많아 져서 피부의 온도가 올라간다. 이러한 고온의 스트레스가 심하거나 장시간 노출되면 열중독 현상이 발생하게 되며 발진, 경련, 열사병 등의 증상이 발생될 수 있다. 고온의 스트레스는 개인마

다 차이가 있으며 연령, 성별, 체지방의 양 등에 의해 차이가 난다.

(2) 불쾌지수(섭씨) : (건구온도+습구온도)×0.72 + 40.6

① 불쾌지수 70이하 : 모든 사람이 불쾌감을 느끼지는 않는다.

② 불쾌지수 70이상 : 불쾌감을 느끼기 시작한다.

③ 불쾌지수 80이상 : 모든 사람이 불쾌감을 느낀다.

(3) 고온스트레스 지수(HIS, Heat Stress Index): 1955년 Belding 과 Hatch에 의해 제안되었으며 사용이 어려워서 일반적으로 통용되고 있지는 않다. 내용은 표 8-8과 같다.

표 8-8. 고온스트레스 지수(Belding, Hatch)

분류		온도(섭씨, ˚C)	일반적인 영향
I	극히 덥다	55 이상	지속적으로 노출되면 열사병, 일사병 발생률이 높다.
II	아주 덥다	41이상 55미만	일사병, 열경련, 열에 의한 근(筋)무력증이 발생하고, 장시간 노출하거나 인체적 활동을 하면 열사병이 발생할 수 있다.
III	덥다	32이상 41미만	장시간 노출하거나 인체적 활동을 하면 일사병, 열경련, 열에 의한 근무력이 발생할 수 있다.
IV	아주 따뜻하다	27이상 32미만	장시간 노출하거나 인체적 활동을 하면 피로하기 쉽다.

(4) 고열작업의 노출기준(노동부)

① 경작업 : 200 kcal/hr까지의 열량이 소요되는 작업을 말하며 앉아서 또는 서서 기계의 조정을 하기 위하여 손 또는 팔을 가볍게 쓰는 일 등을 뜻함.

② 중등작업 : 200~350 kcal/hr까지의 열량이 소요되는 작업을 말하며 물체를 들거나 밀면서 걸어 다니는 일 등을 뜻함.

③ 중작업 : 350~500 kcal/hr까지의 열량이 소요되는 작업을 말하며 곡괭이질 또는 삽질하는 일 등을 뜻함.

표 8-9. 고열작업의 노출기준(노동부)

작업휴식시간	작업강도(WBGT)		
	경작업	중등작업	중작업
연속작업	30.0°C	26.7°C	25.0°C
매시간 75%작업, 25%작업(45분 작업, 15분 휴식)	30.6°C	28.0°C	25.9°C
매시간 50%작업, 50%작업(30분 작업, 30분 휴식)	31.4°C	29.4°C	27.9°C
매시간 25%작업, 75%작업(15분 작업, 45분 휴식)	32.3°C	31.1°C	30.0°C

(5) 고온스트레스 방지를 위한 대책

① 발열체에 방열 처리

② 작업장 내의 공기를 환기, 열차단, 냉방장치

③ 방열복, 냉각조끼 등의 방열 보호구 착용

④ 순환근무를 실시하거나 휴식시간 시간 제공

⑤ 작업에 필요한 에너지 소비수준감소

⑥ 저온에서의 잦은 휴식 시간제공

⑦ 작업장 내에 냉수와 소금을 제공

⑧ 응급조치 훈련 및 순응 프로그램 실시

2) 저온작업의 스트레스

(1) 생리적인 영향 : 인체의 혈관에 수축시켜서 혈류의 더운 온도가 피부의 찬 온도로 인하여 열대류가 일어나지 않는다. 이 때문에 손가락과 발가락 부위에서의 온도가 급격히 떨어져서 국부적으로 동상이 생기게 된다. 체온이 35°C이하로 떨어지면 저체온증 증상이 나타나는데 초기단계에는 방향감각 장애와 환각 등의 증상이 일어나며, 체온이 더 내려가면 무의식 상태가 되며, 심부전 증세가 나타날 수 있으며 동공이 팽창되고 심장이 멈추게 된다.

(2) 저온스트레스 지수

① 저온스트레스의 지수로는 풍냉지수(WCI, Wind Chill Index)와 대응풍냉지수

(equivalent wind chill temperature)가 있다. 그러나 풍냉지수를 직접 사용하지 않고 대응풍냉 온도로 환산하여 사용한다. 내용은 표 8-10과 같다.

표 8-10. 저온스트레스 지수

풍속(km/h)	기온(° C)					
	-1	-7	-12	-18	-23	-29
무풍	-1	-7	-12	-18	-23	-29
8	-3	-9	-14	-21	-26	-31
16	-9	-16	-23	-28	-36	-43
32	-15	-23	-31	-39	-47	-56
48	-19	-28	-36	-45	-54	-61
64	-22	-30	-38	-47	-56	-65

(3) 저온스트레스 방지를 위한 대책

① 작업자에게 적절한 옷차림과 보온 가능한 신발을 착용하도록 함

② 방한 장갑 지급함

③ 순환근무를 실시하거나 휴식시간 제공함

④ 작업장에 보조히터를 설치함

⑤ 작업장 주변에 보온실을 마련해둠

05 실내공기

1. 실내공기 오염 및 오염원

1) 실내공기의 오염

(1) 실내공기의 오염은 호흡기, 폐의 공기순환에 장애를 일으키게 되어 작업수행능력을 저하시키고 건강에 심각한 질병을 유발 시킨다.

(2) 실내공기의 오염

① 내부원인 : 페인트, 단열재 등에서 나오는 유해 물질과 난방시스템, 복사기 등에서 나

오는 열과 미세먼지 등이 있다.

② 외부원인 : 자동차에서 배출되는 매연, 에어컨 등에서 배출되는 미세먼지 등이 있다.

2) 실내공기의 오염원

(1) 미세먼지

① 먼지는 대략 0.005~500 μm의 크기를 가지고 있으며, 입자의 직경이 2.5 μm미만의 미세입자와 2.5 μm이상의 거대입자로 분류된다.

② 거대입자와 미세입자의 총합을 총 부유 분진이라 함

③ 미세입자는 비교적 장시간 대기 중에 체류하기 때문에 거주자들의 경우 지속적인 노출로 인한 피해가 우려되는 물질로서 기도를 통해 체내에 들어와 폐 깊숙이 안착하여 만성 호흡기 질환, 호흡곤란, 흉부압박 등의 호흡기 질환을 일으킴

(2) 일산화탄소

① 일산화탄소는 물질의 연소 시 산소가 부족하거나 연소 온도가 낮은 상태에서 불완전연소의 생성물로 생성되며 특히 자동차의 배기가스, 산불에서 주로 발생함

② 일산화탄소는 체내에서 헤모글로빈과 결합하여 산소운반 능력을 저하시키고 인체에 격렬한 두통, 시각기능의 장애, 정신 기능의 장애 등의 나쁜 영향을 미치며 농도에 따라서 사망에 이를 수도 있다.

(3) 이산화탄소

① 무색무미무취의 기체로 일반 대기 중에 0.03%정도가 존재하며 지구온난화 가스로 주목 받고 있지만 대기오염 물질로서 분류되지는 않음

② 실내공기의 질 또는 환기상태의 척도로 사용되고 있으며 실내공간에서 농도가 증가하면 산소의 양이 부족하게 되어 일산화탄소와 함께 중요한 실내공기의 오염원으로 취급

③ 위생적인 면에서 허용농도는 0.1%이고 환기 개선의 허용농도는 0.2~ 0.5%이다.

④ 이산화탄소는 호흡횟수의 증가, 강한 호흡곤란, 안면홍조, 두통 등을 발생시킨다.

표 8-11. 공기를 오염시키는 물질

오염물질	특징
먼지	0.1~25μ m 정도의 크기를 가지며 그라인딩, 분쇄 등과 같은 작업으로 생성되는 고체 형태의 부유물로서 대부분 0.5μ m보다 큼
퓸	용접, 용해 등의 작업에 사용되는 산화제의 부유물로서 크기는 1μ m이하
스모그	0.1μ m 이하의 크기를 가지는 고체형태의 탄소 또는 검댕
에어졸	물방울 또는 고체파편의 형태로 특정시간 동안 공기 중에서 낙하하지 않고 남아 있는 물질
안개	분무에 의하여 만들어진 물방울 형태의 부유물
가스	형태의 제한이 없고 높은 에너지 상태를 가지는 물질
기체	가스형태의 물질로서 일반적으로는 고체이지만 실내온도에 따라서 액체의 형태를 띄기도 하며, 압력을 높이면 끊는 점에 쉽게 도달함

2. 실내공기질 평가 및 관리

1) 실내공기질 평가 대상

(1) 공기 중 호흡성 분진 농도

(2) 공기 중 일산화탄소 농도

(3) 공기 중 이산화탄소 농도

(4) 공기 중 이산화질소 농도

(5) 공기 중 포름알데히드 농도

2) 실내공기 측정방법

(1) 호흡성 분진 : 분립장치 또는 호흡성 분진을 포집할 수 있는 기기를 이용한 여과포집방법, 개인시료채취기 또는 지역시료 채취기

(2) 일산화탄소 : 직독식으로 측정할 수 있는 기기

(3) 이산화탄소 : 직독식으로 측정할 수 있는 기기

(4) 이산화 질소 : 표준 농도를 보정한 직독식으로 측정할 수 있는 기기로 정기적으로 보정 필요

(5) 포름알데히드 : 직독식으로 측정할 수 있는 기기 또는 개인용 시료 포집기로 포집, 비색법(UV) 또는 고속액체 크로마토그래피(HPLC) 등

3) 실내 오염물질이 인체에 미치는 영향

표 8-12. 실내 오염물질이 인체에 미치는 영향

오염물질	발생원	인체에 미치는 영향
연소가스	가스난로, 석유난로 등의 난방	두통, 현기증, 구토, 시각 장애 등
흡연가스	흡연	초조감, 폐질환 등
포름알데히드	단열재, 흡연, 접착제 등	기침, 두통, 정서불안 등
석면	콘크리트, 시멘트 등의 건축 자재	피부질환, 호흡기 질환, 석면증, 폐질환 등
라돈		호흡기 질환, 알레르기성 질환 등
미생물	가습기, 냉장고, 페인트 등	기침, 두통, 천식 등

4) 실내공기 질 관리

(1) 호흡성 분진 : 실내공기 중에서 부유하고 있는 호흡성 분진의 총량은 1㎥당 0.15mg이하 유지

(2) 일산화탄소 : 실내 일산화탄소의 농도가 0.001%(10ppm) 이하가 되도록 유지한다. 단 외부의 공기가 오염되어 있어서 일산화탄소의 농도가 0.001%(10ppm)이하인 공기를 공급하기 어려운 경우에는 0.002%(20ppm)이하를 유지하도록 한다.

(3) 이산화탄소 : 실내공기 중의 이산화탄소의 농도가 0.1%(1000ppm) 이하가 되도록 유지한다.

(4) 이산화질소 : 이산화질소가 발생되는 연소기구를 사용하는 실내 작업장에서는 배기통, 환기팬 및 기타 공기순환을 위한 적절한 설비를 설치해야 하며 이산화질소의 실내 농도가 0.00015%(0.15ppm)이하로 유지한다.

(5) 포름알데히드 : 실내 포름알데히드의 농도가 0.0001%(0.1ppm) 이하가 되도록 유지한다.

8.3 주의 / 부주의

1. 안전심리와 인간의 특성

1) 안전심리의 5요소

(1) 개인이 갖는 습관은 동기, 기질, 감정 및 습성의 차이에 큰 영향을 준다.

(2) 동기, 기분, 감정, 습성, 습관의 5대 요소는 안전과 직접 관련이 되어 있으며, 안전사고를 막는 방법은 이 5대 요소를 통제하는 것이다.

2) 개성과 사고력 및 동기

(1) 인간의 개성과 사고력은 안전심리에서 고려되는 중요한 요소이다.

(2) 동기(motive)

① 인간의 행동은 어떤 동기에 의해 일어나는 현상의 하나로서 그 유형은 생리적, 심리적, 환경적인 것 등이 있다.

② 동기는 마음속에서 서로 갈등을 갖게 되며, 안전을 위한 동기가 승리하면 안전한 정신상태로 표현되는 것이다.

3) 사고요인이 되는 정신적 요소

(1) 방심 및 공상

(2) 판단력의 부족 또는 잘못된 판단

(3) 주의력의 부족

(4) 안전 의식의 부족

4) 개성적 결함(성격적 결함) 사고 요인

(1) 과도한 자존심과 자만심

(2) 사치와 허영심

(3) 도전적 성격 및 다혈질

(4) 인내력 부족

(5) 고집 및 과도한 집착력

(6) 감정의 장기 지속성

(7) 나약한 마음(심약)

(8) 태만(나태)

(9) 경솔성(성급함)

(10) 배타성과 이기성

5) 정신력과 관계되는 생리적 현상

(1) 시력 및 청각의 이상

(2) 신경계통의 이상

(3) 육체적 능력의 초과

(4) 근육운동의 부적합

(5) 극도의 피로

6) 인간 실수 및 과오의 요인

(1) 능력 부족: 적성, 지식, 기술, 인간관계

(2) 주의 부족: 개성, 감정의 불안정, 습관성

(3) 환경조건 부적당: 표준 불량, 규칙 불충분, 연락 및 의사소통불량, 작업조건 불량

7) ECR(Error Cause Removal) 과오원인 제거: 사업장에서 직접 작업을 하는 작업자 스스로가 자기의 부주의 또는 제반 오류의 원인을 생각함으로써 작업의 개선을 하도록 하는 제안이다.

8) 착오(대뇌의 human error)

(1) 인지과정 착오

① 생리, 심리적 능력의 한계

② 정보량 저장 능력의 한계

③ 감각 차단현상: 단조로운 업무, 반복 작업

④ 정서 불안정: 공포, 불안, 불만

(2) 판단과정(중추 처리 과정) 착오

① 능력부족

② 정보부족

③ 자기합리화

④ 환경조건의 불비(不備)

(3) 조치과정(행동 과정) 착오

9) 착오의 요인

(1) 위치의 착오

(2) 순서의 착오

(3) 패턴의 착오

(4) 형태의 착오

(5) 기억의 틀림(오류)

2. 주의와 부주의

1) 주의의 정의 : 인간 행동의 목적에 부합하도록 의식의 수준이 집중되는 심리상태를 말한다.

2) 주의의 특징

(1) 선택성 : 여러 종류의 자극을 자각할 때 소수의 특정한 것에 한하여 선택하는 기능

(2) 방향성 : 주시점만 인지하는 기능

(3) 변동성 : 주의에는 주기적으로 부주의의 리듬이 존재

3) 부주의 현상

(1) 의식의 단절 : 지속적인 의식의 흐름에 단절이 생기고 공백의 상태가 나타나는 것으로서 특수한 질병이 있는 경우에 나타난다(의식수준: phase 0 상태).

(2) 의식의 우회 : 의식의 흐름이 옆으로 빗나가 발생하는 경우로서 작업도중의 걱정, 고뇌,

욕구 불만 등에 의해 다른 것이 주의하는 것이 이에 속한다(의식수준:phase 0 상태).

(3) 의식수준의 저하 : 혼미한 정신상태에서 심신이 피로할 경우나 단조로운 작업 등의 경우에 일어나기 쉽다(의식수준:phase 1 이하 상태).

(4) 의식의 과잉 : 지나친 의욕에 의해서 생기는 부주의 현상으로서 돌발사태 및 긴급이상 사태 시 순간적으로 긴장되고 의식이 한 방향으로만 쏠리게 되는 경우가 이에 해당된다(의식수준:phase Ⅳ 상태, 주의의 일점 집중현상).

(5) 의식의 혼란 : 외부 자극이 너무 약하거나 너무 강할 때 또는 외적 자극에 문제가 있을 때, 의식이 혼란스럽고 외적 자극 의식이 분산되어 작업이 잠재되어 있는 위험요인에 대응할 수 없게 된다(의식수준:phase Ⅱ 상태).

4) 부주의 발생원인 및 대책

(1) 외적 원인 및 대책

① 작업, 환경조건 불량 : 환경정비

② 작업순서의 부적당 : 작업 순서의 정비

(2) 내적 원인 및 대책

① 소질적 조건 : 적성배치

② 의식의 우회 : 상담(counseling)

③ 경험, 미경험 : 교육

(3) 정신적 원인에 대한 대책

① 안전의식의 고취

② 주의력 집중

③ 스트레스 및 피로의 해소대책

(4) 설비나 환경적 원인에 대한 대책

① 표준작업 제도의 도입

② 작업환경과 설비의 안전화

③ 긴급상황발생 시 안전작업 대책수립

(5) 기능이나 작업적 원인에 대한 대책

① 적성을 고려한 배치

② 안전한 작업방법을 습득

③ 표준 작업의 습관화

④ 적응력 상향 및 작업조건의 개선

8.4 피로증상 및 대책

1) 피로(fatigue)

(1) 정의 : 어느 정도 일정한 시간, 작업 활동을 계속하면 객관적으로 작업능률의 감퇴 및 저하, 착오의 증가, 주관적으로는 주의력의 감소, 흥미의 상실, 권태 등으로 일종의 복잡한 심리적 불쾌감을 일으키는 현상을 말한다.

2) 피로의 종류

(1) 주관적 피로 : 스스로 느끼는 자각증상으로 권태감, 단조감, 피로감이 뒤 따른다.

(2) 객관적 피로 : 생산된 제품의 양과 질의 저하를 지표로 한다.

(3) 생리적(기능적) 피로 : 인체의 생리 상태를 검사 함으로 생체의 각 기능이나 물질의 변화 등에 의해 피로를 알 수 있다.

3) 피로의 분류

(1) 신체적 증상(생리적 현상)

① 작업에 대한 몸 자세가 흐트러지고 지치게 된다.

② 작업에 대한 무감각, 무표정, 경련 등이 일어난다.

③ 작업 효과나 작업량이 감퇴 및 저하된다.

(2) 정신적 증상(심리적 현상)

① 주의력이 감소 또는 경감된다.

② 불쾌감이 증가된다.

③ 긴장감이 해지 또는 해소된다.

④ 권태, 태만해지고, 관심 및 흥미로움이 상실된다.

4) 피로의 회복 대책

(1) 휴식과 수면을 취할 것(가장 좋은 방법)

(2) 충분한 영양(음식)을 섭취할 것

(3) 산책 및 가벼운 체조를 할 것

(4) 음악 감상, 오락 등에 의해 기분을 전환시킬 것

(5) 목욕, 마사지 등 물리적 요법을 행할 것

3. 피로의 측정법(점멸융합 주파수)

1) 점멸융합 주파수(Flicker Fusion Frequency : FFF) : 깜박거리는 자극이 피실험자에게 일정한 속도로 제공될 때 피실험자가 느끼기에 깜박거림이 없이 연속적으로 제공되는 것처럼 보이는 주파수를 말한다. 이러한 점멸주파수는 피실험자의 정신적 피로의 상태와 밀접한 관련이 있기 때문에 정신적인 피로를 측정하는데 사용된다. 그리고 정신적으로 피로할수록 점멸융합주파수의 값은 감소한다.

2) 피로의 측정방법

(1) 생리적 방법 : 인지식역치, 반사역치, 대뇌피질활동, 호흡순환기능 등

(2) 생화학적 방법 : 혈색소농도, 혈액수분, 응혈시간 등

(3) 심리학적 방법 : 변별식역치, 동작분석, 정신작업 등

3) 피로 판정방법의 종류

(1) 생화학적 검사

(2) 호흡기능 검사

(3) 순환기능 검사

(4) 자율신경기능 검사

(5) 감각기능 검사

(6) 심적기능 검사

(7) 운동기능 검사

4. 작업강도와 피로

1) 육체노동은 에너지소비량에 의해서 표 8-13과 같이 구분한다.

표 8-13. 에너지소비량

구 분	산소소비량	에너지소비량	
	(Liter/min)	kcal/8시간	kcal/분
극초중(unduely heavy)	2.5 이상	6000 이상	12.5 이상
초중(very heavy)	2.0 ~ 2.5	4800 ~ 6000	10.0 ~ 12.5
중(heavy)	1.5 ~ 2.0	3600 ~ 4800	7.5 ~ 10.0
중간(moderate)	1.0 ~ 1.5	2400 ~ 3600	5.0 ~ 7.5
경(light)	0.5 ~ 1.0	1200 ~ 2400	2.5 ~ 5.0
초경(very light)	0.5 이하	1200 이하	2.5 이하

2) 1일 보통사람의 소비에너지는 약 4,300kcal/day 정도이며, 여기서 기초대사와 여가(lesure)에 필요한 에너지 2,300kcal를 빼면 나머지 2,000kcal/day 정도가 작업시의 소비 에너지가 된다. 이것을 480분(8시간)으로 나누면 약 4kcal/분이 된다(기초 대사를 포함한 상한은 약 5kcal/분이다.)

3) 휴식시간산출:작업에 대한 평균에너지 값을 4kcal/분이라 할 때 어떤 활동이 이 한계를 넘는다면 휴식시간을 삽입하여 초과분을 보상해 주어야 하며, 휴식시간 산출식은 다음과 같다.

$$R = \frac{60(E-4)}{E-1.5}$$

R : 휴식시간(분)

E : 작업 시 평균 에너지소비량(kcal/분)

총 작업시간 : 60(분)

휴식시간 중의 에너지 소비량 : 1.5(kcal/분)

5. 생체리듬(biorhythm)의 종류

1) 육체적 리듬(physical cycle) : 육체적으로 건전한 활동기 (11.5일)와 그렇지 못한 휴식기 (11.5일)가 23일을 주기로 하여 반복된다. 육체적 리듬(P)은 신체적 컨디션의 율동적인 발현, 즉 식욕, 소화력, 스태미너 및 지구력과 밀접한 관계를 갖는다. 색상은 청색으로 표시한다.

2) 지성적 리듬(intellectual cycle) : 지성적 사고능력이 재빨리 발휘되는 날(16.5일)과 그렇지 못한 날(16.5일)이 33일을 주기로 반복된다. 지성적 리듬(I)은 상상력, 사고력, 기억력 또는 의지, 판단 및 비판력 등과 깊은 관련성을 갖는다. 색상은 녹색으로 표시한다.

3) 감성적 리듬(sensitivity cycle) : 감성적으로 예민한 기간(14일)과 그렇지 못한 둔한 기간(14일)이 28일을 주기로 반복된다. 감성적 리듬(S)은 신경조직의 모든 기능을 통하여 발현되는 감정, 즉 정서적 희로애락, 주의력, 창조력, 예감 및 통찰력 등을 좌우한다. 색상은 적색으로 표시한다.

(1) 육체적† 리듬(P) 23일 주기

(2) 지성적† 리듬(I) 33일 주기

(3) 감성적† 리듬(S) 28일 주기

8.5 장치설계

01 표시장치

1. 표시장치(display)의 유형

1) **정적 표시장치(static display) :** 텍스트, 그래프, 인쇄물 등과 같이 시간에 따라 변화가 없는 표시장치

2) **동적 표시장치(dynamic display):** 속도계, 온도계, 기압계 등과 같이 상황에 따라서 표시내용이 변화하는 표시장치

3) **감각의 종류에 따른 표시장치**

(1) 시각적 표시장치

(2) 청각적 표시장치

(3) 촉각적 표시장치

(4) 후각적 표시장치

2. 시각적 표시장치

1) **정량적 표시장치 :** 동적인 표시장치나 정적인 표시장치 중에 정량적인 정보가 요구되는 표시장치

(1) 정량적 표시장치의 종류

표 8-14. 정량적 표시장치의 특징

종류	내용
동침형(moving pointer)	눈금은 고정되어있고 지침이 이동함
동목형(moving scsle)	지침은 고정되어있고 눈금이 이동함
계수형(digital)	기계적 또는 전자적으로 숫자를 표시함

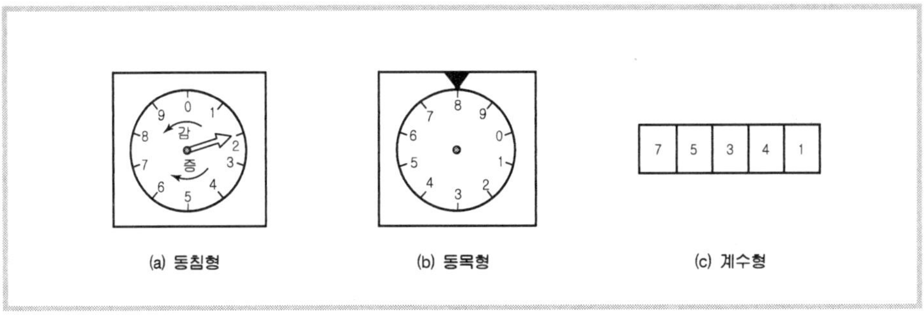

그림 8-3. 정량적 표시장치의 종류

(2) 정량적 표시장치의 특징

① 동침형 : 사소한 변화에 빠르게 대처할 필요가 있는 경우에 사용된다(예: 자동차의 속도계).

② 동목형 : 많은 스케일(scale)을 작은 공간에 표시해야 하는 경우에 사용된다(예: 눈금형체중계).

③ 계수형(디지털) : 정확한 값을 읽어낼 필요가 있는 경우에 사용된다(예: 디지털 포스게이지).

(3) 정량적 표시장치의 설계

① 정확한 지점을 지정하는 것이 가능하도록 뾰족한 지침을 사용한다.

② 지침의 끝은 눈금과 맞닿지만 겹치지는 않도록 설계한다.

③ 지침의 색상은 선단에서 눈금의 중심까지 칠한다.

④ 지침을 눈금의 면과 밀착시켜 시각방향에 의한 차이를 없앤다.

2) 정성적 표시장치

(1) 정성적 표시장치 : 연속적으로 변하는 변수들의 대략적인 값, 변화의 추세, 변화의 비율 등을 알고자 하는 경우에 사용됨

(2) 정성적 표시장치의 특징

① 정량적 표시장치처럼 비교적 정확한 값을 표시하기 보다는 정해진 범위 내에서 변수의 조건이나 상태를 표시할 때 사용됨

② 휴대폰의 배터리 표시처럼 배터리의 양을 대략적으로 파악해야 하는 경우에 사용됨

③ 가스나 압력 등의 양에 따른 위험도를 표시하는 것처럼 변화의 추세 또는 변화의 비율을 관찰해야 하는 경우에 사용됨

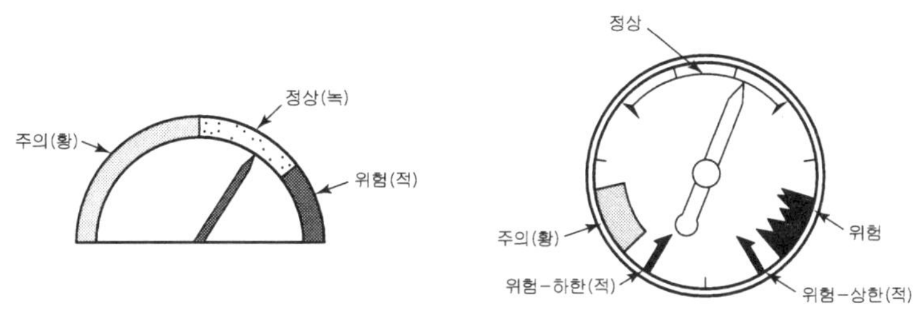

그림 8-4. 정성적 표시장치

3) 묘사적 표시장치

(1) 항공기의 표시장치, TV등과 같이 배경이 위에 변화하는 상황이나 변수를 회화적으로 나타내는 시각적인 표시장치를 말한다.

(2) 묘사적 표시장치의 종류

표 8-15. 묘사적 표시장치의 특징

묘사적 표시장치	내 용
항공기 이동형(외견형)	지면은 고정되고 지면을 기준으로 항공기가 움직이는 형태
지평선 이동형(내견형)	항공기가 고정되고 항공기를 기준으로 지면이 움직이는 형태

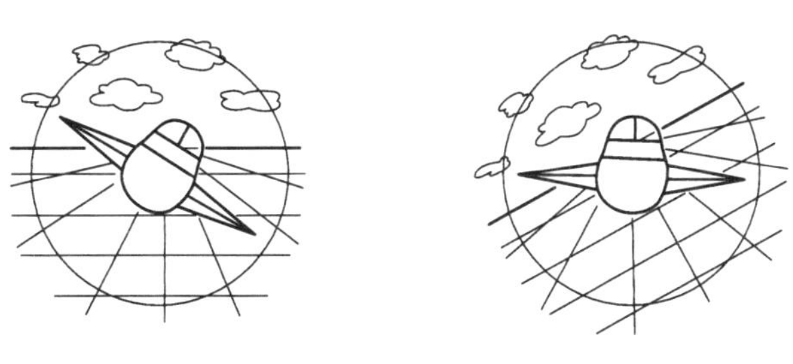

(a) 항공기 이동형(외견형) (b) 지평선 이동형(내견형)

그림 8-5. 묘사적 표시장치의 종류

4) 안내표지(directional sign)

(1) 안내표지의 종류

① 규제(regulation) : 흰색 바탕에 빨간색 테두리와 사선을 긋고, 규제대상을 검정색으로 표시한다.

② 경고(caution) : 노란색바탕에 빨간색 테두리를 사용하며 경고내용을 검정색으로 표시한다.

③ 지시(instruction) : 파란색 원 또는 사각형으로 표현하고, 지시내용은 흰색으로 표시한다.

(a) 규제　(b) 경고　(c) 지시

그림 8-6. 안내표지의 종류(교통표지판)

(2) 표지판의 글자

① 글자의 너비 대 높이의 비율인 종횡비는 숫자나 영문의 경우에는 일반적으로 3 : 5를 권장하며, 한글의 경우에는 초성 · 중성 · 종성으로 구성되어있으며, 1 : 1을 권장한다.

② 글자의 높이에 대한 획폭의 비율인 획폭비는 흰색바탕에 검정색글자(양각)의 경우에는 1 : 8을 권장하며, 검정색바탕에 흰색글자(음각)의 경우에는 1 : 13.3을 권장한다. 여기서 음각과 양각에 따라서 획폭비의 차이가 나는 이유는 광삼현상(irradiation)으로 인해서 음각의 경우보다 양각의 경우가 더 선명하게 보이기 때문이다.

- 광삼현상(irradiation): 검정색 바탕에 흰색글자(음각)인 경우에는 흰색이 검정색 바탕으로 번져 보이는 현상이 생기는데 이를 광삼현상이라고 한다.

3. 청각적 표시장치

1) 청각적 표기장치의 판단 : 인간은 비슷한 위치에 있는 두 가지 이상의 자극 중에서 신호를 분별해내는 상대적 분별 방법과 일정한 위치에서 발생하는 특정한 한 가지 신호를 식별해내는 절대적 식별 방법을 이용해서 청각적 신호를 판단하게 된다.

2) 청각적 표시장치 설계의 권장기준

(1) 귀는 중음역에 가장 민감하므로 500Hz ~ 3,000Hz의 주파수를 사용한다.

(2) 장거리용으로는 1,000Hz이하의 진동수를 사용한다(단, 장거리란 300m이상을 말함).

(3) 중간에 청각적신호를 방해하는 방해물들이 있을 경우에는 500Hz이하의 진동수를 사용한다.

(4) 주의를 집중시키기 위해서는 1 ~ 8회/s의 소리를 내거나 1 ~ 3회/s의 소리를 변조하여 신호를 사용한다.

(5) 배경소음과 다른 진동수 또는 신호를 사용한다.

(6) 경보효과를 극대화시키기 위해서는 개시시간이 짧고, 고강도의 신호를 사용한다.

(7) 가능하면 확성기나 경적 등 별도의 통신기기를 사용한다.

3) 청각적신호의 상대적 분별

(1) 강도차 분별 : 여러 음압수준을 갖는 순음들과 광대역 소음에 대한 변화 감지역을 나타낸다.

(2) 진동수차 분별 : 여러 진동수를 갖는 순음들에 대한 변화감지역을 나타낸다.

(3) 신호가 진동수에 의해 분별해야 하는 경우에는 낮은 진동수를 사용하는 것이 적당하다. 단 30dB이상 이어야 한다.

4) 청각적신호의 절대적 식별

(1) 청각적 암호화 방법

① 순음일 때 음파의 진폭은 1000~4000Hz사이로 하는 것이 필요하며 수준은 4~5단계 정도가 적당하다.

② 진동수는 적을수록 좋지만 30dB이상이 되어야 하고 충분한 간격을 갖도록 해야 하며 수준은 4~7단계 정도가 적당하다.

③ 지속 시간은 확실한 차이가 나도록 해야 하며 수준은 2~3단계 정도가 적당하다.

④ 음의 방향은 좌우의 귀에서 느끼는 강도의 차이가 커야 한다.

(2) 청각적 신호의 암호화 과정에서는 진동수, 지속시간, 음의 방향 등의 차원수를 늘리고 각 차원의 적당한 수준의 단계를 갖는 것이 유리하다.

(3) 다차원 암호화 : 청각적 암호로 전송할 신호의 정보량이 많은 경우에는 많은 신호들을 식별해야 하므로 다차원의 암호체계를 사용하는 것이 적당하다.

표 8-16. 시각적 표시장치와 청각적 표시장치의 활용

시각적 표시장치가 유리한 경우	청각적 표시장치가 유리한 경우
전언이 복잡한 경우	전언이 단순한 경우
전언이 긴 경우	전언이 짧은 경우
전언이 공간적인 위치를 다룰 경우	전언이 시간적인 사건을 다룰 경우
전언이 이후에 참고가 되는 경우	전언이 이후에 참고가 되지 않는 경우
전언이 즉각적인 행동이 요구되지 않는 경우	전언이 즉각적인 행동이 요구될 경우
수신위치에 소음이 심한 경우	수신위치가 밝거나 암순응의 유지가 필요한 경우
수신자가 한 곳에 머물러서 작업하는 경우	수신자가 자주 움직이면서 작업하는 경우

4. 촉각적 표시장치

1) 인간의 피부에서 느끼는 압력, 통각, 온도변화 등의 감각을 통해 표시하는 방법이다. 이러한 촉각적 표시장치는 점자, 옵타콘(optacon) 등의 주로 시각장애인을 위하여 사용되는 경우가 많다.

· 옵타콘(optacon): optical to tactile converter에서 따온 용어로서 시각적 표시장치를 촉각적 표시장치로 변환하는 기계를 말한다.

2) 촉각적 표시장치의 종류

(1) 기계적 진동을 이용한 표시장치: 주파수의 크기, 진동위치, 지속시간 등을 이용해서 정보를 전달하는 표시장치

(2) 전기적 자극을 이용한 표시장치: 자극의 속도, 지속시간, 자극의 강도 등을 이용해서 정보를 전달하는 표시장치

5. 후각적 표시장치

1) 후각적 표시장치는 사람마다 냄새에 대한 감도가 크게 다르고, 코가 막히면 감도가 떨어지며, 빨리 냄새에 순응하기 때문에 잠시만 노출되더라도 더 이상 그 냄새를 맡을 수 없게 되고, 냄새의 분산을 제어하기 힘들며, 어떤 경우 그 냄새를 사람이 싫어하는 경우도 있다,

2) 후각적 표시장치의 장점은 시각이나 청각의 수단으로는 경제적으로 미칠 수 없는 광범위한 지역에 즉시 통보할 수 있다는 것이며, 이런 경우는 특별한 경우에 가능하다.

03 조종장치

1. 조종장치(control)의 요소와 유형

1) 정의 : 제어하고자 하는 정보를 도구, 장비, 기계 등의 시스템에 전달하는 장치를 말한다.

2) 조종장치는 인간의 감각, 정신, 운동능력 등을 고려해서 설계해야 사람이 사용하기에 안전하고 효율적인 장치가 된다.

3) 일반적인 조종장치가 아니고 특정한 용도로 사용되는 경우에는 표 8- 과 같은 요소 등에 의해 영향을 받는다.

표 8-17. 조종장치에 영향을 미치는 요소

조종장치에 영향을 미치는 요소	
식별의 용이성	위치
크기	C/R비
저항력	시간지연
반발	사용률
움직이는 거리	

4) 조종장치의 유형 및 특성

표 8-18. 조종장치의 유형 및 특성

정보표시 / 조종장치의 유형	조작장치			제어장치	자료입력
	작동	이산위치	연속위치	연속제어	자료입력
	상태 (on / off)	정량적 정성적	정량적	정량적 정성적 묘사적	문자 숫자 부호
누름 버튼	●				
발 누름 버튼	●				
막대스위치	●	●			
회전선별기		●			
문손잡이		●	●	●	
손가락회전스위치		●	●	●	
L자형 손잡이			●	●	
운전대손잡이			●	●	
레버			●	●	
페달			●	●	
키보드					●

2. 조종-반응 비율(C/R비)

1) 조종-반응 비율(C/R비)

(1) 조종-표시장치의 이동비율(C/R비)을 확장한 개념이다.

(2) 조종장치의 움직이는 거리와 시스템반응이나 표시장치상의 이동 요소의 움직이는 거리의 비율을 말한다.

$$\text{일반적인 } C/R\text{비} = \frac{\text{조종장치의 이동거리}}{\text{표시장치의 이동거리}}$$

$$\text{회전운동하는 레버의 } C/R\text{비} = \frac{(\alpha/360)\times 2\pi L}{\text{표시장치의 이동거리}}$$

α = 레버가 움직인 각도

L = 레버의 길이

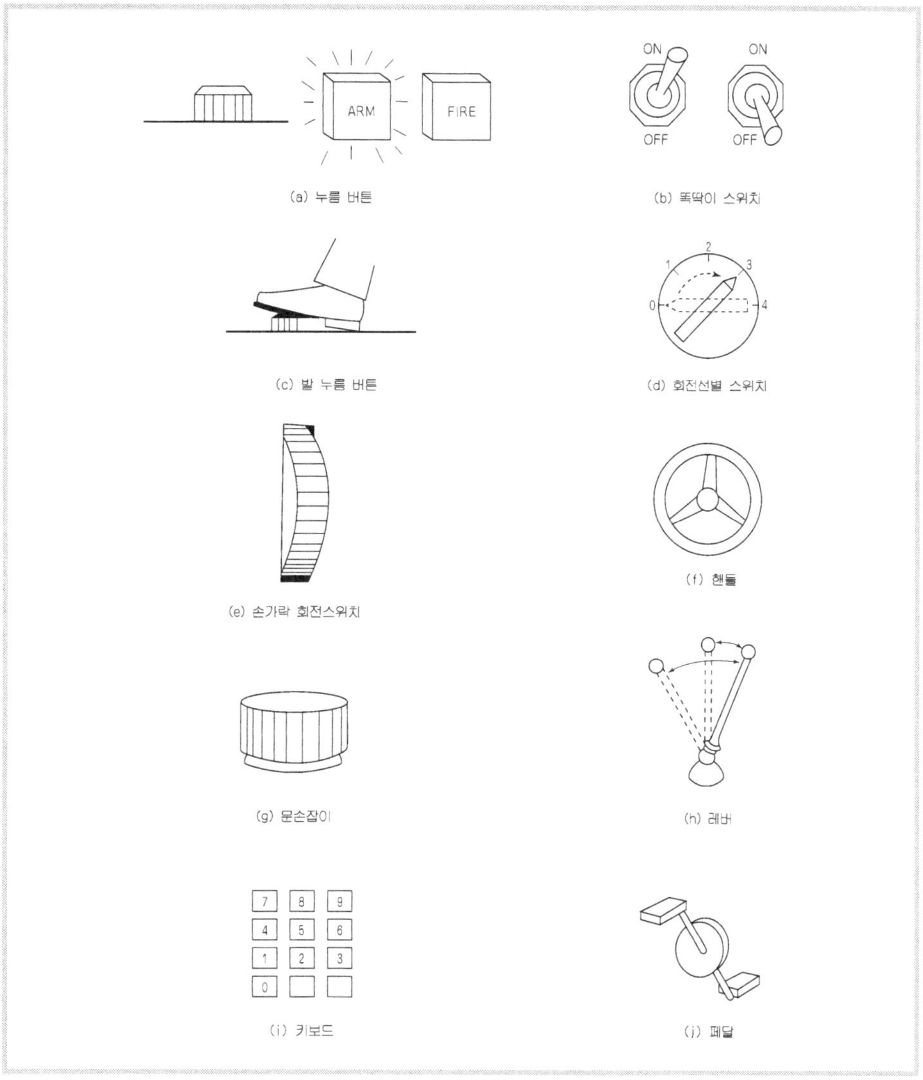

그림 8-7. 조종장치의 유형

2) 최적의 C/R비

(1) 그림 8-8과 같이 C/R비가 작으면 조종장치가 민감하기 때문에 조종장치를 조금만 움직여도 표시장치의 반응거리는 커지게 되므로 이동시간은 짧아지지만 조종시간이 오래 걸리고 상대적으로 부정확하다. 또한 C/R비가 크면 둔감하므로 민감함 경우와는 반대로 이동시간은 오래 걸리지만 조종시간은 짧아지게 되고 C/R비가 민감한 경우보다 상대적으로 정확하다.

(2) C/R비를 최적화 하기 위해서는 이동시간과 조종시간의 합계를 최소화 해야 한다. 하지만 이것을 공학적인 계산으로는 구할 수 없으며 실험적인 결과에 의해서만 알 수 있다. 그리고 개인의 감각능력에 따라서 최적의 C/R비는 차이가 날 수 있다.

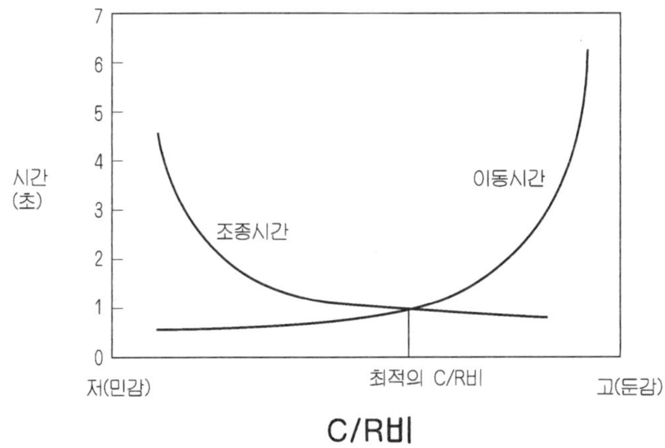

그림 8-8. 조종-반응 비율(C/R비)와 최적의 C/R비

8.6 인지특성을 고려한 설계원리

1. 인지특성을 고려한 설계원리

1) 인간의 감각 : 인간의 오감을 이용해서 외부의 자극을 받아들이며 이러한 감각은 감각기관이 자극을 받아 이것이 반응, 행동의 단계로 나타날 때 완료된다. 그리고 주로 인간의 시각과 청각을 사용해서 외부의 자극을 인지한다.

2) 자극의 출력경로

(1) 운동에 의한 반응 : 버튼, 페달, 레버 등의 조종장치를 사용하여 반응한다.

(2) 음성에 의한 반응 : 크레인 운전 시 무전기를 이용하여 운전을 지시하는 등의 방법으로 반응한다.

2. 양립성(compatibility)

1) 정의 : 인간의 기대와 모순되지 않는 자극들 간, 반응들 간 또는 자극-반응들 간의 관계를 말하며 양립성의 종류로는 운동양립성, 공간양립성, 개념양립성이 있다.

2) 양립성의 종류

(1) 운동양립성 : 조종장치의 움직임에 따른 표시장치의 움직임 또는 시스템의 동작에 따른 양립성을 나타낸다. 즉, 다양한 운동방향에 따른 양립성을 나타내고 있다. 대표적인 예로는 자동차의 운전대로 자동차를 이동시키고자 하는 방향으로 운전대를 돌리면 자동차가 원하는 방향으로 이동하는 것을 나타낸다.

(2) 공간양립성 : 조종장치와 해당하는 표시장치의 공간적인 배열을 나타내는 양립성이다. 대표적인 예로는 많은 형광등이 있는 사무실에 형광등의 전원의 배치를 들 수 있다. 하지만 이러한 공간양립성은 문화적 차이에 따라 달라질 수도 있다.

(3) 개념양립성 : 어떠한 장치의 있는 그림, 코드 또는 기호 등의 의미를 나타내는 양립성이다. 대표적인 예로는 남자화장실은 역삼각형 형태의 그림에 파란색을 나타내고, 여자화장실은 삼각형 형태의 그림에 빨간색을 나타내는 것이다.

3. 사용자 인터페이스

1) 사용자의 개요

(1) 사용자(user) : 제품, 서비스, 환경 등을 이용하고자 하는 모든 사람들을 말한다.

(2) 디자이너(designer) : 제품, 서비스, 환경 등을 제작하는 사람들을 말한다.

(3) 디자이너가 사용자가 되거나 사용자가 디자이너가 되는 경우도 있지만 일반적으로는 디자이너와 사용자는 다르다.

(4) 사용자는 한 집단에 국한되지 않고 매우 다양하다.

① 다양한 신체적 능력의 차이

② 인지, 지각 등의 정신적인 능력의 차이

③ 문화적인 차이

④ 각 개인의 개성의 차이

⑤ 노인사용자

⑥ 신체적 장애를 가진 사용자

2) 사용자중심의 설계

(1) 사용자중심의 설계를 위한 기본원칙(Norman의 디자인 원칙)

① 행동의 유도성(inducible) : 사물의 모양이나 지각된 특성을 사용해서 사물을 이용하는 방법을 사용자 스스로가 유도해낼 수 있도록 설계

② 사용의 제약성(constraint) : 사용자가 제품 등을 사용할 때 에러를 발생시키지 않도록 행동을 제약하는 설계

③ 좋은 개념모형을 제시 : 사용자의 머리 속에서 생각하는 개념 모델과 실제 제품 등의 동작 모델이 일치되도록 설계

④ 좋은 매핑(mapping)을 제공(대응의 원칙) : 양립성(compatibility)의 개념과 같은 개념으로서 사용자 생각하는 것을 행동하였을 때 생각한 결과대로 반응이 일어나도록 설계

⑤ 가시성(visibility)의 원리 : 사용자로 하여금 현재의 상태를 명확하게 알 수 있도록 시각화 하며, 중요한 기능에 대해서도 쉽게 찾을 수 있도록 가시성을 갖도록 설계

⑥ 피드백(feedback) 제공 : 사용자가 어떤 작동을 하거나 작업을 수행할 때 그 결과가 표시되어 사용자의 작동이나 작업이 제대로 이루어지고 있는지를 알 수 있도록 설계

3) 평가방법

(1) 사용성(usability) : 사용자가 제품, 서비스, 환경 등을 이용할 때 목적달성을 하기 위해 효과적이고 효율적으로 만들어서 사용자의 만족도가 높아지도록 만들어진 정도를 말한다.

(2) 사용성 평가방법

① 사용성 평가의 척도

(가) 효과성

(나) 효율성

(다) 안전성

(라) 학습성

(마) 만족도

② 사용성 평가방법

(가) 사용자 테스트 평가방법 : 시스템을 최종적으로 사용할 사용자가 평가하는 방법이다.

· 사용자 설문법 : 설문지를 이용해서 제품의 사용성에대한 주관적인 만족도를 평가하는 방법

· 사용자 관찰법 : 사용자가 시스템을 사용하도록 하고 이를 관찰하여 분석하는 방법

(나) 검사적 평가방법 : 시스템의 전문가가 판단하여 평가하는 방법이다.

· 발견적 평가법 : 전문가가 그 동안의 연구와 경험 등을 바탕으로 평가하는 방법

· 가이드라인 방법 : 전문가가 시스템의 사용에 대한 예상을 통해 조언을 제시하는 방법

· Gognitive walk-through : 전문가가 사용자의 적절한 목표를 설정하고 이에 따르는 사전지식과 시스템이 제공하는 암시를 바탕으로 사용자가 목표를 이룰 수 있도록 행동을 유도할 수 있는지를 평가하는 방법

(다) 모델링 평가방법: 사용자가 시스템을 어떤 방법으로 사용할지를 모델로 구성하여 평가하는 방법이다.

· 직무네트워크 모델 : 직무를 구성하는 절차를 네트워크를 사용해서 모델링 하는 방법

· 인지구조모델 : 인간의 지각, 인지, 행동 등의 인지구조적 연구들을 바탕으로 모델링 하는 방법

· GOMS모델 : 사용자가 시스템을 사용하기 위해 가져야 하는 과정에 대한 지식을 모델링 하는 방법

4) 사용자인터페이스(user interface)

① 정의 : 사용자가 실생활에서 접하는 모든 제품, 서비스, 환경 등을 말한다.

② 사용자 인터페이스의 필요성: 사용자 인터페이스에서 사용성을 고려하지 않고 설계된 제품들은 사용자로 하여금 에러를 발생시키거나 제품을 사용하는데 학습이 오래 걸린다. 이러한 경우 사용자가 매우 불편을 느낄 수 있으며 심한 경우에는 사용하기를 포기하게 되는 경우도 발생할 수 있다. 그러므로 사용자 인터페이스에서 사용성을 고려해서 설계할 필요성이 있다.

CHAPTER 09

주거공간 디자인

제 9 장
주거공간 디자인

주거공간은 거주자들의 다양한 생활행위가 일어나는 공간이다.

인간이 일정한 장소에 정착하여 살기 시작한 시점에서의 주택은 쉘터(shelter)로서의 기능이 전부였다. 추위와 더위를 피하며, 맹수와 해충으로부터 신체를 보호하는 장소, 음식물을 저장하고 취사하는 장소 등, 단순한 기능을 담당하였다. 즉, 인간이 생존하기 위한 최소한의 수단으로써 먹고 자고 쉬며 배설하는 장소였다. 하지만, 오늘날의 주거공간은 가족의 레크리에이션(휴식, 휴면, 배설)과 영양섭취 등의 1차적 요구에 추가하여 생활과 단란, 유희, 공부, 사색 등의 정신적인 2차적 요구를 충족시키기 위한 다양한 공간이 요구되고 있다.

특히 주택(house)이 물리적인 공간을 의미하는 반면, 주거(home)는 주택에서 일어나는 경험적인 측면과 정서적인 측면을 포함한 개념으로써, 주거공간의 계획은 각 주거마다 각각의 기능을 충족시키는 세밀함도 필요하지만, 모든 기능을 조합한 총체적인 주생활 측면에서 접근해야 한다.

이런 특성으로 인하여 주거공간의 계획은 가장 쉬운 영역이면서도 한편으로는 가장 어려운 디자인 영역이라 할 수 있다.

9.1 주거공간의 계획

1.기본목표

1)생활의 쾌적성 증대

인간생활의 웰-빙(well being) 추구와 생활수준의 향상으로 가족 구성원의 건강하고 쾌적한 생활에 대한 요구가 증가하고 있다. 이에 대하여 주거공간은 가족 구성원의 정신적 안정과 생활 의욕을 높일 수 있는 분위기의 조성을 필요로 하고 있다.

2)가사노동의 경감

미국의 경우에는 인건비 부담을 줄이며 늘어나고 있는 핵가족 사회에서 주부의 가사노동을 줄이기 위하여 자동 및 최첨단 설비에 의한 "가정부 없는 가정(maidless living)"의 주거형식을 지향하고 있다.

가사노동의 경감을 통한 주부의 부담을 줄이기 위한 구체적인 방법으로는 , 청소 등의 노력 절감, 주부의 가사노동을 위한 동선이 단축되는 평면, 효율적인 부엌시설이나 가사실 계획, 설비를 좋게 하고 가능한한 기계화의 추구 등을 들 수 있다.

3)가족 중심의 주택

주택은 그 특성상, 불특정 다수가 수시로 이용하는 시설이 아니라 가족 구성원이 안락하고 쾌적하게 보낼 수 있는 가족만의 공간이 되어야 한다. 따라서, 가족 전체의 단란은 물론, 각 구성원 개인 공간을 마련할 필요가 있으며, 가족생활을 희생시키는 형식적이고 외적인 요인이 발생하지 않도록 하여야 한다.

4)개인생활의 프라이버시(privacy)의 확보

같은 주거공간내의 가족구성원 사이에서도 침실과 욕실, 수납 등의 공간은 대단히 개인적인 공간으로써, 다른 사람으로부터 침해를 받지 않도록 하여야 한다. 특히 어린이의 경우, 프라이버시의 확보를 통한 개인생활의 확립은 자립과 자주라는 인격형성을 위해 대단히 중요한 계획개념이다.

2.고려사항

쾌적한 주거공간을 계획하려면 다음과 같은 사항들을 고려해야 한다.

첫째, 주택에 거주할 가족에 대한 사항을 파악하여야 한다. 가족의 형태와 수, 가족의 연령, 라이프 스타일, 각자의 취미, 경제적 능력은 반드시 고려해야할 사항이다. 또한 현재의 가족 상황이 미래에는 변화된다는 것을 예상하고 주거공간을 계획해야 한다. 주거공간에 대한 가족의 요구는 끊임없이 변화한다. 가족형태, 구성원의 수, 가족 생활주기, 경제적 능력, 연령이 변화함에 따라 원하는 주거공간이 달라진다. 따라서 이러한 변화에 맞추어 방의 크기나 수를 조절할 수 있도록 주거공간을 계획하는 것이 필요하다. 가변형 벽을 이용하여 공간을 넓히거나 둘로 나눌 수 있도록 하는 것이 좋은 예이다.

둘째, 거주할 가족에게 적합한 주택의 유형이 무엇인지 고려해야 한다. 단독주택과 아파트 중 어떤 것이 더 적합한지를 생각해 보고, 건물의 층수에서도 1층, 2층, 3층 주택 중에서 가족에게 가장 적합한 층수가 무엇인지를 고려해야 한다.

셋째, 주택의 평면과 입면에 대하여 생각해 본다. 평면계획에 있어 중요한 것은 가족에게 개방적인 분위기의 공간계획이 좋을지, 폐쇄적인 분위기의 공간계획이 좋을지를 결정하는 것이다. 주택의 평면은 주거공간 계획에서 기본이다. 주택의 평면 형식은 크게 개방형 평면과 폐쇄형 평면으로 구분할 수 있다. 또 편복도형과 중복도형, 평면적 코어형과 설비적 코어형, 중정형, 원룸(one-room) 시스템 등 매우 다양하다. 가족 구성이나 생활양식에 따라 요구하는 평면 형태가 달라지므로 어떠한 평면형태가 가족에게 가장 적합한지를 신중하게 고려해야 한다.

주택의 입면에는 단층식, 다층식, 스플릿 레벨식(split level), 스킵 플로어식(skip floor)이 있다. 입면 형식은 각각 장 · 단점을 가지고 있으므로 대지의 모양과 가족형태, 가족구성원의 생활양식, 취향 등에 대응하여 결정하도록 한다.

넷째, 동선을 줄이기 위한 계획으로 고려해야 한다. 주거공간 계획은 동선의 계획이라고 할 정도로 동선의 단축은 중요한 사항이다. 동선이란 사람들이 걸어 다닌 흔적으로써, 일정 공간에서 일정 시간 활동을 하는 경우 동선이 짧을수록 효율적인 공간계획이라 할 수 있다. 서로 왕래가 많은 공간들을 가깝게 배치하면 동선이 짧아진다. 침실과 욕실 또는 부엌과 식당을 가깝게 배치하는 것이 좋은 예이다.

다섯째, 주거공간을 계획할 때는 가구를 기능적이고 아름답게 배치할 수 있는지를 고려해야 한다. 창이 크고 많으면 실내가 밝고 넓어 보이지만, 가구를 배치하기에는 불편하다. 창과 문의 위치와 크기, 붙박이장의 위치와 크기, 스위치와 콘센트 등의 위치에 따라 가구배치가 달라지므로 주거공간을 계획할 때는 가구배치를 함께 고려해야 한다.

3.평면계획

1) 동선(動線) 계획

동선은 일상생활의 움직임을 표시하는 궤적을 말하며, 최대한 효율적이며 합리적으로 유도할 수 있는 계획과 그 움직임에 대응한 시설배치가 중요하게 된다.

동선의 3요소는 속도, 빈도, 하중이며 세부적인 내용은 다음과 같다.

(1) 속도

동선은 최단거리를 요구(교통량이 많은 공간을 서로 접근시켜 최대한 짧게 배치)하며, 속도와 화물의 요소를 갖는 동선은 능률성을 고려하여 짧아지도록 고려한다. 실(室)과 실(室)을 관통하는 동선이 발생하지 않도록 하며 가능한한 계단을 피하도록 고려한다.

(2) 빈도

주택 내에서 화장실, 현관, 계단 등과 같이 사용 빈도가 높은 공간은 최대한 밀집시켜 동선이 짧아지도록 고려한다.

(3) 하중

동선은 공간적으로 두께를 가지고 있다. 능률적 생활을 위해서 동선의 역행은 피하고 서로 교차하는 곳은 두께를 크게 할 필요가 있다.

2) 각 실과 방위관계

우리나라의 건물 방위는 남향이 가장 바람직하며, 남쪽 이외에는 동쪽으로 18°이내와 서쪽으로 16°이내가 최적 방위대이다.

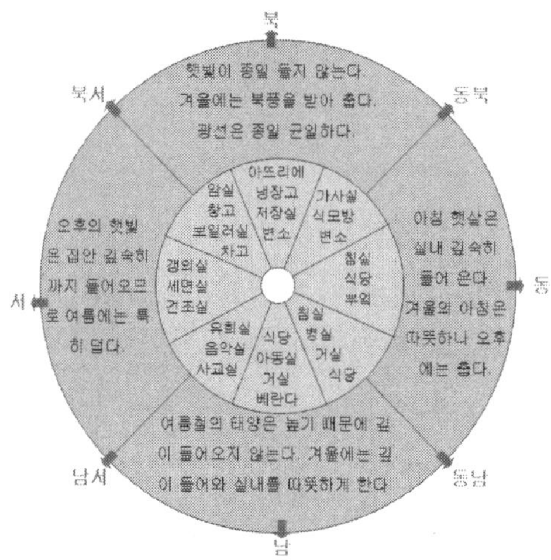

그림 9-1. 각 실별 최적 방위 계획

4. 공간계획

1) 주택의 생활공간

(1) 공동생활공간

가족 구성원이 함께 생활하고 이용하는 공간으로써, 가족 단란을 위한 거실, 식사실, 응접실과 현관, 복도, 계단 등이 이에 해당된다. 계획적 고려사항은 침실, 서재, 아동실, 노인실 등의 개인생활공간과의 연결이 원활하도록 하며, 외부공간과의 출입이 용이하도록 계획한다.

(2) 개인생활공간

가족 각자가 개인적인 생활을 하는 공간이며, 부부침실, 아동실, 노인실 등의 침실공간과 욕실, 화장실, 세면실 등이 이에 해당된다. 계획적 고려사항은 각 공간별로 독립성과 프라이버시의 확보가 요구된다.

(3) 가사노동공간

주거공간내에서 취사, 세탁, 청소 등의 가사노동이 이루어지는 공간이며, 부엌, 다용도실, 세탁실, 가사실, 창고 등이 여기에 해당된다. 특히, 주부의 동선이 중요하며 공간내에서의 작업성, 수납성, 정서성, 청결성, 안전성이 고려된 계획이 필요하다.

2) 주거공간별 주생활행위와 공간구성 요소

표 9.1 주거공간별 주생활행위와 공간구성 요소

주거기능	주생활 행위	장소	공간구성 요건
단란	가족간의 담소, 오락, 취미활동, 식사	거실 (Living Room)	•주거공간의 컨셉이 반영되어야 할 대표공간 •가족전체가 마음 편히 교류하는 공간 •가족 모두 얼굴을 마주 할 수 있는 장소로서 이에 필요한 가구 설치 •TV, 오디오 등 기본 디지털 시스템 설치
		가족실 (Family Room)	•가족전체를 위한 독립된 장소 •가족의 취미활동을 지원하는 장소
		식당 (Dining Room)	•다양한 식사메뉴에 가변적으로 대응가능한 여유있는 공간 •식사의 즐거움을 만끽할 수 있는 장소 •음식준비 규모에 따라 부엌으로 확장해서 사용가능한 공간
가사작업	취사, 세탁, 청소, 다리미질, 육아, 수납	부엌 (Kitchen)	•준비, 개수, 조리, 가열, 배선행위가 짧은 동선으로 연결 •식품, 식기, 조리 기구의 효율적 수납 •냉동·냉장고, 오븐, 가스·전자렌지 등, 조리를 위한 각종 편의설비 설치 •가족모두가 작업에 참여하는 넉넉한 공간 확보
		다용도실 (Utility)	•세탁을 위한 세탁기 설치 및 소모품 보관 •손빨래를 위한 빨래판의 설치 •청소용품의 수납 •냉장고에 저장하지 않는 식자재의 수납 •재활용품 임시 보관, 쓰레기 임시보관 공간 •다리미질 공간
		창고 (Storage)	•주거공간을 넓게 사용하기 위한 필수 공간 •사용빈도가 낮은 물품의 효율적 수납 •찾기 쉬운 수납선반 설치
		붙박이 장	•계절별, 개인별, 의류별, 규격별로 효율적 수납 •이불, 커튼 등의 부피가 큰 제품의 효율적 수납
		발코니 (Balcony)	•세탁물의 건조 •화분 또는 실내조경 •수도 및 배수·배관 설비

주거기능	주생활 행위	장소	공간구성 요건
가사작업	취사, 세탁, 청소, 다리미질, 육아, 수납	가사공간 전체	•청소기를 이용한 오물수거, 걸레질, 정리정돈 •육아
휴식 및 학습	취침, 학습	개인침실 (Bed Room)	•개실 사용자의 취향을 반영한 독립된 공간 •독립된 취미활동, 취침 공간 •생활용품 수납
		노인실	•하루 대부분의 시간을 보내는 공간 •종합적인 주생활 행위(취침, 취미, 노동, 단란, 응접 등)
		아동실	•아동의 취침, 학습, 놀이, 취미활동 등, 다목적 장소 •주간 이용시간이 많은 장소
생리위생	세면, 목욕, 배설	욕실 (Bath Room)	•세면, 양치질, 면도, 머리감기, 샤워, 속옷빨기 등 다양한 활동의 공간 •단수시 물받기, 이불빨기, 김장배추 저리기 등 자주는 아니지만, 꼭 필요한 주생활 행위
		화장실 (Toilet)	•소변, 대변의 배설

9.2 주요실별 계획

01 거실(Living Room)

거실은 가족생활과 주거공간의 중심이며 사회적 공간이다. 가족이 모여서 대화를 나누고 휴식을 취하는 공간이며 손님을 맞이하는 접객공간이기도 하다. 건축계획에서 거실은 집의 중심이 되는 곳, 전망이 좋은 곳, 일조와 통풍이 잘 되는 장소에 우선 두게 되며, 가족과 손님접대를 위해 비교적 넓은 면적을 차지하게 된다. 거실에는 TV나 오디오, AV장치를 전면에 두고, 항상 쉽게 읽을 수 있는 책이나 잡지, 사전, 장식품 등을 둔다. 거실에는 이런 다양한 행위를 위해 여러 가지의 가구가 필요한데, 특히 소파와 탁자, 장식장이 가장 대표적인 가구가 된다.

1. 공간 계획(Planning)

거실은 주택의 중심으로 현관, 식당, 주방, 각실 등과 연결되므로 통로, 문, 창문 등이 많아

실제 유효공간을 확보하기가 쉽지 않은 공간이다.

먼저 거실공간의 계획은 소파를 중심으로 조망이나 일조를 고려하여 배치한다. 보통 1인용 소파 2개와 3인용 소파 1개를 놓는다면 탁자와 통행공간을 고려했을 때 2.7m×3.6m의 공간이 필요하게 되며 장식장을 놓는 공간까지 고려한다면 3.6m×3.6m가 필요하게 된다.

벽난로는 서양의 거실에서 공간의 중심을 이루는 포인트가 되는데, 벽난로를 두는 경우에는 소파를 벽난로를 중심으로 ㄷ자 형태로 배치하게 된다.

또한 피아노나 안락의자 등을 거실에 두기도 하는데 일반 피아노의 크기는 65cm×155cm의 점유공간과 의자공간이 필요하게 된다.

2. 거실에서의 행태(Behavior)

1)휴식한다.

휴식을 위해서는 소파 위에서 발을 길게 뻗거나 머리를 뒤로 젖힌다. 이 경우 1.5m이상의 공간이 필요하다.

2)대화한다.

대화를 위해서는 발을 오므리고 머리를 세우게 되므로 마주보는 경우 3m정도 이내, 두 사람이 대화를 위해 L형으로 앉는 경우에는 1.7m 정도의 공간이 필요하다.

3)소파 옆과 뒤를 걷는다.

통행, 접대를 위해 소파 옆과 뒤를 걷기 위해서는 약 60cm이상의 공간이 필요하다.

4)장식장의 문을 연다.

장식장 물건의 수납을 위해 사람은 무릎을 구부리고 문을 열어야 하는 동작이 필요하다. 이 경우 약 90cm 이상의 공간이 필요하다.

5)피아노를 친다.

피아노를 치기 위해 사람이 앉을 수 있는 의자는 피아노에서 약 80cm 정도의 공간이 필요하며, 연주 중 옆이나 뒤를 볼 수 있는 여유공간도 고려되어야 한다.

6)소파와 탁자 사이를 지나간다.

소파에 앉거나 지나가기 위해서는 최소 30cm 정도의 여유공간이 필요하다.

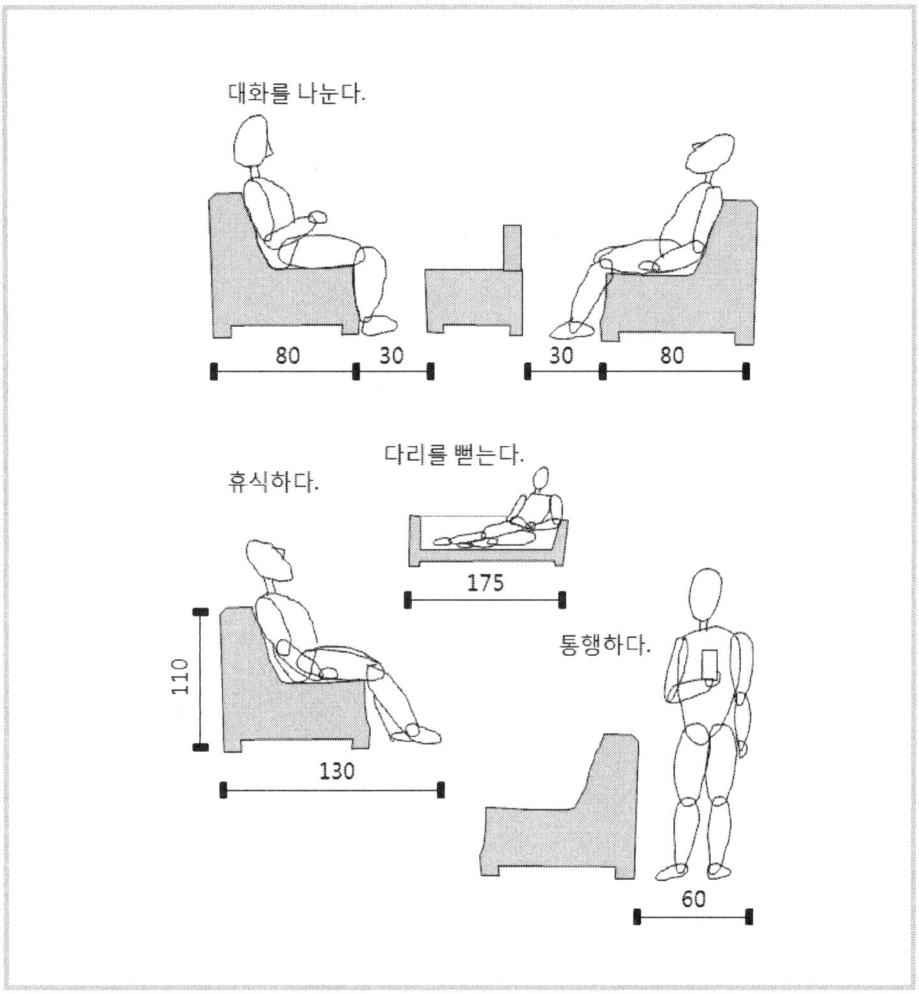

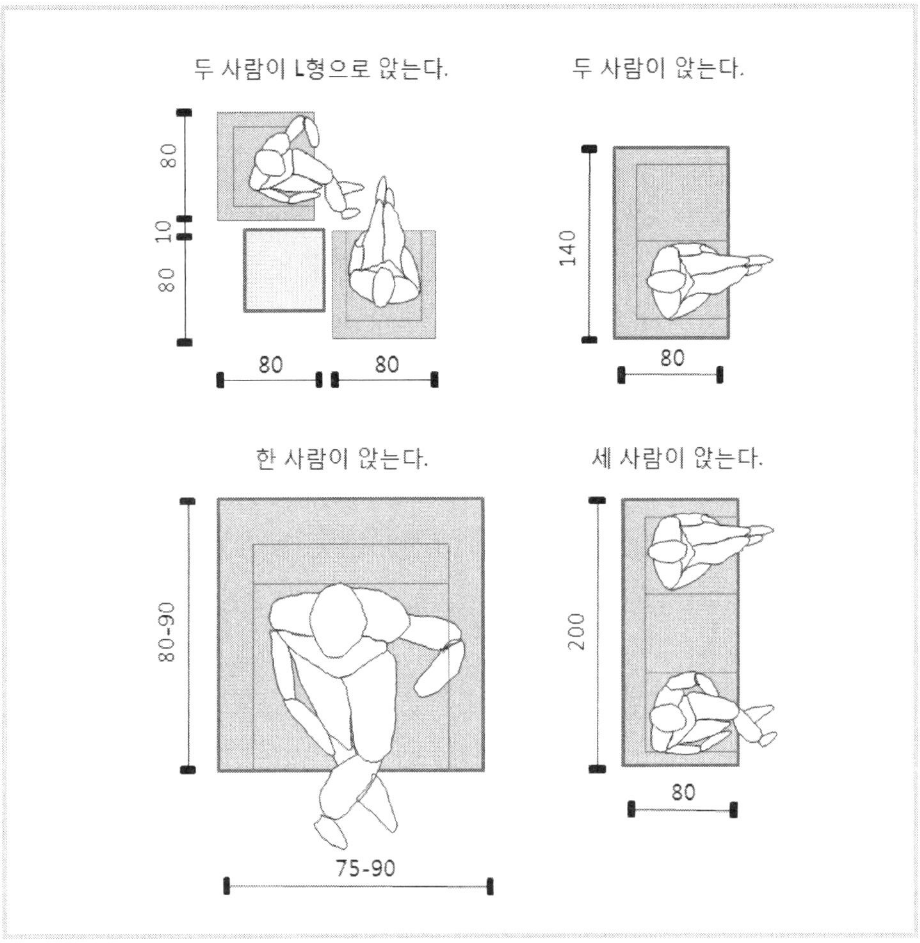

3. 위치 계획(Zoning)

거실은 가족이 모여 이야기를 나누거나 편하게 쉬는 장소, TV를 보거나 음악 감상, 또는 손님을 접대하는 장소, 간단한 가사작업, 책을 읽는 장소, 어린이의 놀이장소로 이용된다.

따라서 거실은 주택의 중심에 배치하여 가족들이 쉽게 모일 수 있도록 한다. 그러나 거실이 공간과 공간을 연결하는 통로 역할을 하면 거실로서의 독자적인 분위기를 유지하기 어렵다. 거실이 현관과 가까우면 가구나 화분을 이용하여 시선을 차단하는 것이 좋다. 작은 주택에서는 거실과 식사 공간을 구분하지 않고 사용하게 되면(LD/K형) 공간이 넓어 보이고, 공간활용에도 유리하다. 식사공간과 거실사이에 칸막이나 양쪽에서 이용할 수 있는 가구를 배치하고, 식탁위에는 펜던트 등(pendent lamp)을 설치하거나 식탁 아래에 러그(rug)를 깔아주면 두 공간이 분리된 것처럼 보인다.

거실은 정원을 바라볼 수 있는 남향에 위치하는 것이 좋다. 주택에는 거실과 접한 정원에 야외용 의자나 테이블을 놓아 옥외공간을 활용하도록 하고, 아파트에는 거실과 연결된 발코니을 실내 정원으로 꾸미면 거실이 넓어 보인다. 거실은 전망, 채광, 통풍 등의 조건이 좋은 곳에 위치하므로 서재와 겸용해도 좋다. 거실 한쪽 벽면에 붙박이 책장을 만들고 테이블과 의자를 배치하면 서재 분위기를 낼 수 있다.

4. 가구 계획(Furnishing)

소파의 배치

1)I형

거실이 좁거나 일정한 시선을 유도하기 위해 배치하는 방법이다.

옆 사람과 나란히 앉을 수 있어 친밀성은 좋으나, 대화를 위해 상대방을 향해 몸을 돌려야 하는 어려움이 있다.

2)대면형

테이블을 중심으로 서로 상대방의 얼굴을 마주보고 대화를 하기 때문에 매우 공식적인 배치방법이 된다. 대화중심의 거실에서 사용할 수 있다.

3)L형

서로 시선을 정면을 마주하지 않기 때문에 친밀도가 높고 단란한 분위기를 얻을 수 있다. L형의 교차점이 되는 모서리에는 코너 탁자를 두게 되는데 스탠드와 같은 장식용 조명으로 분위기를 높일 수 있다.

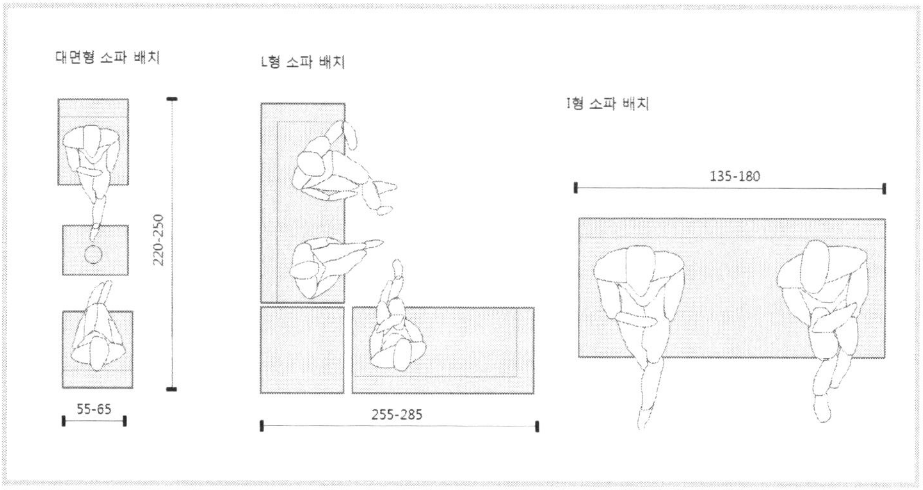

02 식당(Dining Room)

식당은 가족이 모여서 식사를 하는 기본적인 기능 이외에 따뜻한 대화를 나누는 중요한 공간이다. 따라서 식당에서는 식사라는 일상적인 행위 이외에 생일파티나 축하행사, 초대와 대화를 나누는 공간이므로 공식적인 공간이 되기도 한다. 그러므로 가족뿐만이 아니라 외부 사람이 초대되어 함께 여러 행위들이 이루어지게 되므로 거실과의 관계를 고려하여 계획한다.

먼저 거실에서 간단한 대화를 나누고 난 후 식당으로 자리를 옮겨 식사를 하게 되므로 식사를 위한 연출로 식탁위의 조명을 고려하거나 와인 글라스를 이용한 장식, 식사 후 커피 서비스를 위한 배려 등, 일상적인 식사와 공식적인 식사 모두에 대응할 수 있는 계획이 필요하다.

1.공간 계획(Planning)

식당의 기본적인 크기는 가족의 수와 식사인원에 따라 결정된다.

이에 따라 식탁의 크기와 의자 수가 결정되며 나머지 가구와 여유 공간이 고려된다. 보통 4인 가족의 경우 식탁과 의자, 여유 공간을 합해 2.7m×2.7m의 공간이 필요하다. 다음으로 장식장의 위치와 부엌과의 동선관계, 조망 등을 고려하여 계획할 수 있다. 보통 공간의 효율성을 위하여 직사각형의 식탁이 많이 계획되나 정사각형의 식당 형태라면 원형 식탁을 고려해 볼 수 있다. 사각형의 식탁에 비해 원형식탁은 공간점유율이 높으나 대화의 부드러움을 연출하는 데는 이상적이다.

2.식당에서의 행태(Behavior)

1)식사한다.

일반적으로 한 사람이 식탁 위에서 식사할 대 점유하는 공간은 60cm×45cm를 기준으로 할 수 있다. 따라서 2인이 마주 보고 식사할 때는 약 80cm의 식탁 넓이가 필요하며, 식탁의자의 점유크기는 50cm 정도로 계획한다.

2)의자를 빼고 앉는다.

식탁에 앉기 위해서는 의자를 여유 있게 뒤로 뺀 후 앉게 되며 다시 의자를 앞으로 당기게 된다. 이럴 경우 의자는 식탁에서 80cm 정도의 여유 공간이 필요하다.

3)식사를 운반한다.

부엌에서 준비한 요리와 식사를 운반하기 위해 쟁반을 들고 움직일 수 있는 약 90cm정도의 운반통로의 폭이 필요하다.

4)장식장을 열고 닫는다.

식기를 꺼내기 위해 장식장의 문을 열고 닫을 수 있는 여유 공간의 배려가 필요하다. 이 경우 높은 선반을 열 때는 70cm, 무릎을 굽혀 낮은 장을 열 때는 90cm 정도의 공간이 확보되어야 한다.

5)휠체어에 앉아서 식사한다.

장애인에 대한 배려는 공간계획에서 필수적이다. 휠체어에 앉은 채 식사를 하기 위해서는 80cm이상의 통행공간의 확보와 함께 식탁 뒤로 1m이상의 여유 공간을 계획하여 휠체어의 접근이 자유롭도록 고려한다.

6)식탁주위에서의 통행

식탁주위에서 사람의 단순한 통행을 위해서는 60cm의 여유 공간이 최소한 확보되어야 한다.

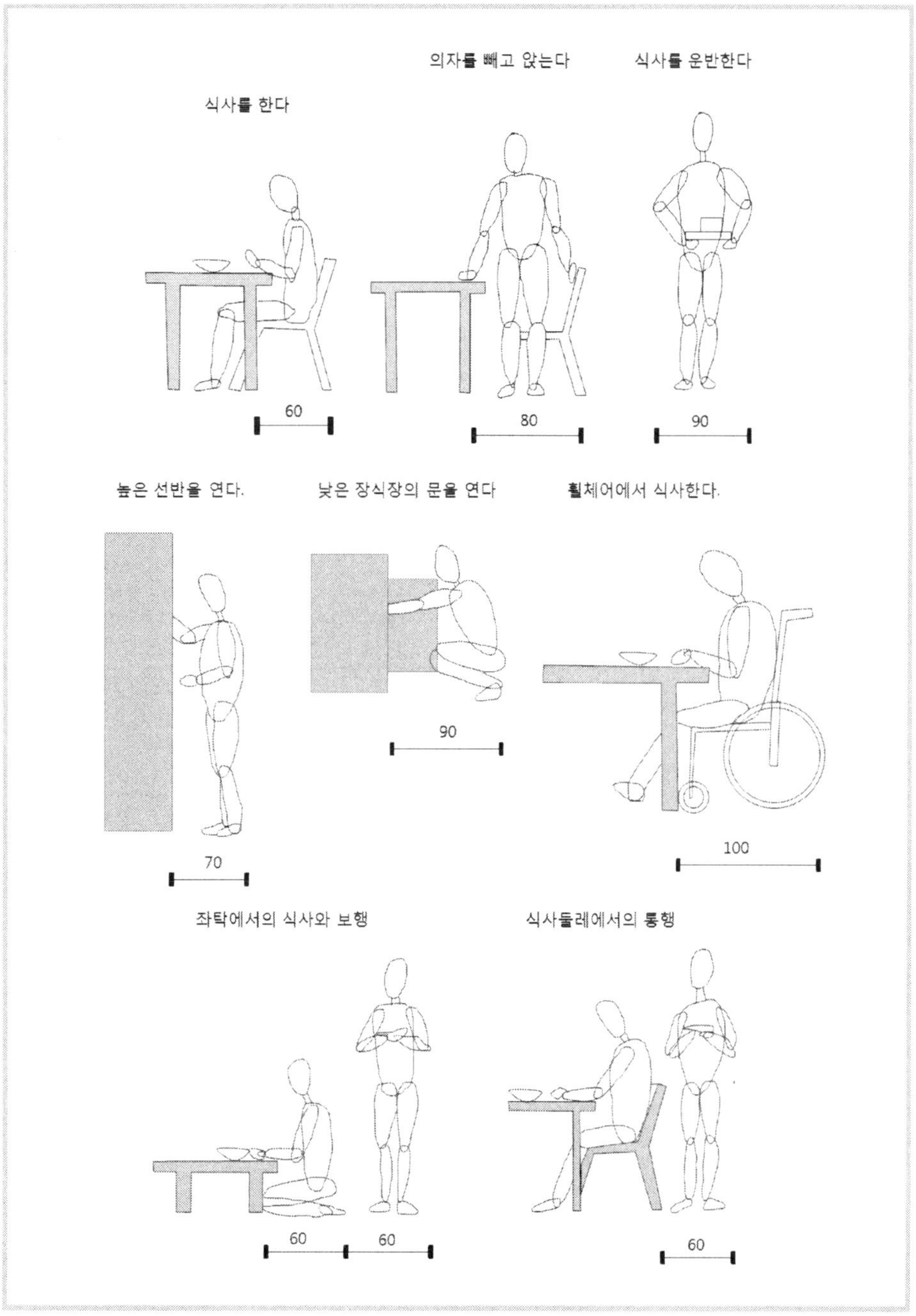

3. 위치 계획(Zoning)

식당은 부엌과 거실의 중간에 위치하는 것이 바람직하다. 식당이 부엌과 가까우면 식탁을 차리거나 치우는 동선이 짧아지고, 거실과 가까우면 가족의 사회적 공간이 모여 있게 되므로 생활의 질서가 잡히게 된다. 식당의 이상적인 방위는 남향이나, 남향에 배치하기 어려우면 남동향이나 동향으로 고려한다. 식당도 거실과 마찬가지로 채광이나 통풍을 고려하고 전망을 즐길 수 있도록 창문을 크게 하는 것이 바람직하다.

4. 가구 계획(Furnishing)

식탁의 형태에 따른 분류

1)정사각형

2인 또는 4인용 식탁에 많이 쓰인다. 2인용의 경우에는 75cm×75cm, 4인용의 경우에는 90cm×90cm가 식탁의 크기가 된다. 4면에서 서로 대화를 나누기에는 이상적이나 점유공간이 넓어 좁은 공간에서는 불합리하게 된다.

2)직사각형

1인당 점유공간인 가로 60cm×세로 45cm로 계산하면 식탁의 크기가 결정된다. 4인용은 90cm×120cm, 6인용의 경우에는 90cm×180cm가 기준이다. 직사각형 식탁은 한쪽을 벽이나 다른 가구와 붙여 사용할 수 있어서 공간의 활용도가 높아지게 된다.

3)원형

음식을 중앙으로 집중할 수 있어 식사효율이 높으나, 공간의 점유율이 높아지게 되는 단점이 있다. 공적인 식사배치에 많이 사용된다.

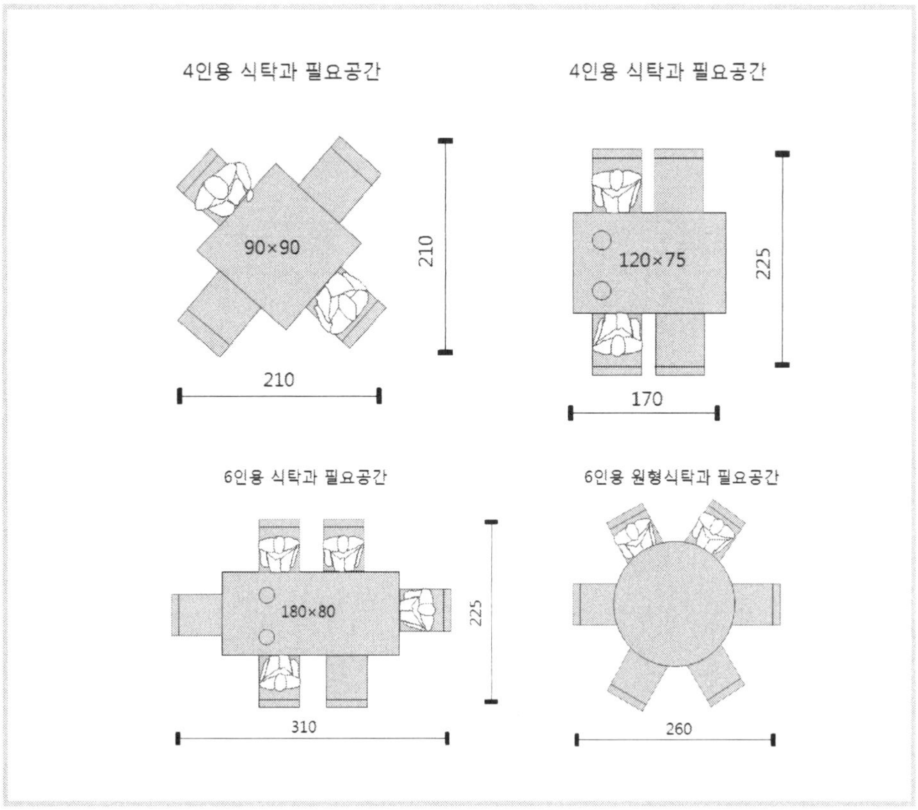

03 거실 겸 식당(Living & Dining Room)

주택 내에서 개인적인 공간인 침실이나 욕실을 제외한 식당, 거실 공간을 개방시켜 계획하면 공간 활용이 높아지고, 벽으로 인한 공간손실을 줄일 수 있으며 공사비를 절약할 수 있다.

특히 독신자나 가족 구성원이 적은 가구를 위한 공간에서 많이 사용된다.

1)원룸 형(one room type)

거실과 식당을 단순한 가구로 구획하거나 구별이 없는 형태이다.

이런 경우 거실의 가구높이 보다 식탁의 가구높이가 높기 때문에 사람의 행태에 지장을 줄 수도 있다는 점을 고려하여 식탁을 접을 수 있는 빌트 인(built in) 가구로 하거나 다른 가구로 구획하기도 한다.

2)스킵 형(skip floor type)

거실과 식당의 바닥을 높이 차이를 두어 구별하는 방법이다.

벽에 의한 일반적인 구분이 아니므로 위요된 공간 창출을 통한 특별한 분위기를 연출 할 수 있다.

04 주방(Kitchen)

주방은 주부가 장시간 생활하는 공간이므로 쾌적한 공간이 되도록 계획하여야 하며, 식품을 보관하고 조리하는 공간이므로 위생적 공간이어야 한다.

이상적인 주방의 계획을 위해서는,

1)조리대의 순서를 고려해야 한다.

냉장고에서 준비대 → 싱크대 → 조리대 → 가열대(레인지) → 배선대

2)동작에 따른 인체치수를 고려해야 한다.

수평적으로는 주부의 가사에 따른 이동과 작업거리를, 수직적으로는 작업대를 중심으로 하부 수납공간과 상부 수납공간과의 연계성이 중요하다.

3)위생적으로는 안전한가를 고려해야 한다.

음식물의 조리와 보관, 불의 사용과 처리 등 가스, 설비, 전기 등의 입체적으로 배치되고 관리 될 수 있는 지를 체크해야 한다.

4)쾌적한 공간이 될 수 있는 디자인이 요구된다.

색채, 재료, 조명 등, 주부가 주방에서 생활하는 데 도움이 되고 편안한 공간이 되도록 디자인되어야 한다.

1.공간계획(Planning)

주방은 식당과의 연계를 고려하여 계획하여야 하며, 기능과 환경과의 관련을 고려하여 채광, 조망, 환기, 설비, 조명에 특별히 주의할 필요가 있다.

특히, 가사작업공간인 주방은 동선이 짧아야 한다. 주방의 동선은 냉장고, 개수대(싱크대), 가열대의 각 지점을 연결하여 삼각형을 만들고, 삼각형 세 변의 길이를 합하여 평가한다. 이것을 작업 삼각형(work triangle)이라 하며, 삼각형이 클수록 작업동선이 길어지게 된다. 작업 삼각형의 한 변의 길이는 1,800mm가 넘지 않고 세 변을 합한 길이는 3,600~6,600mm 정도가 적당하며, 이 작업삼각형을 가로지르는 통로동선이 발생하지 않도록 계획하여야 한다.

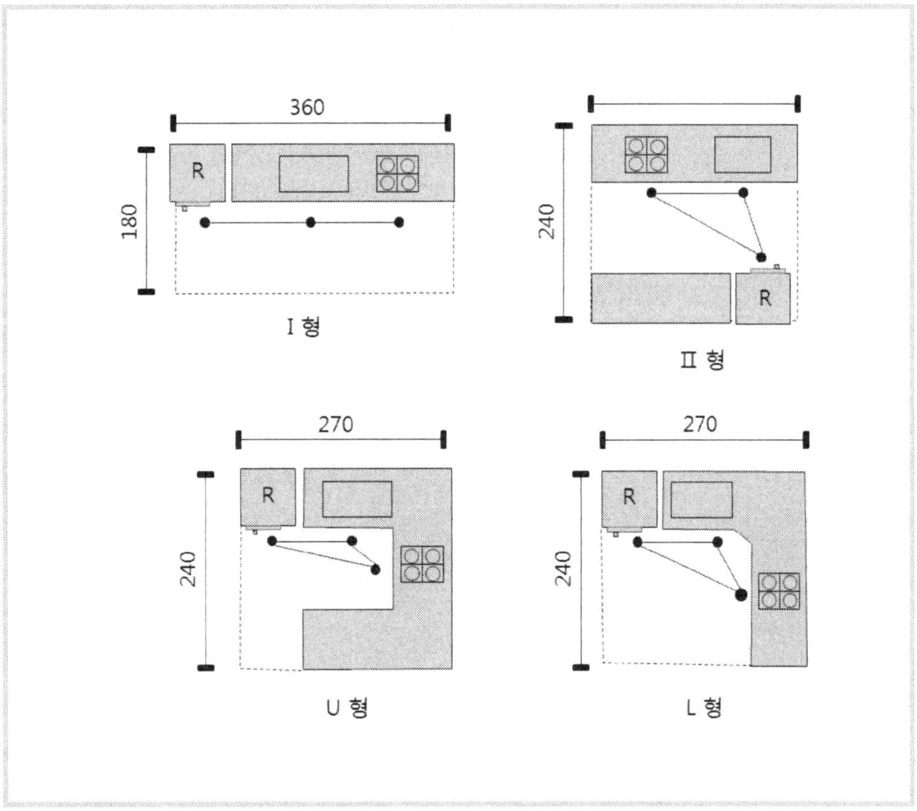

2.주방에서의 행태(Behavior)

1)조리를 한다.

주부가 싱크대에서 가장 많은 시간을 서서 보내야 하므로 싱크대의 높이 결정은 매우 중요하다. 일반적으로 80cm와 85cm의 두 가지 높이가 일반적인데, 사용자의 신체를 고려한 접근이 필요하다.

2)서랍을 연다

조리기구의 많은 부분이 싱크대 서랍 앞에 서서 열고 꺼내는 경우가 많다. 서랍을 쉽게 열고 닫기 위해서는 70cm정도의 공간이 필요하다.

3)싱크대 아래 수납장 문을 연다.

싱크대 아래에는 비교적 부피가 큰 물건이 많다. 이 경우 웅크린 자세로 문을 열고 닫아야 하므로 최소 90cm 정도의 공간을 확보해 두어야 한다.

4)싱크대 위 수납장 문을 연다.

싱크대 위에는 식기류 같은 물건을 많이 수납하게 되는 데 사람들이 서서 쉽게 물건을 꺼내고 넣을 수 있는 높이는 80cm~1.6m 정도가 일반적이다. 따라서 1.6m 높이 이상의 물건 수납은 보조 디딤판이 필요하게 된다.

5)휠체어를 탄 채로 조리를 한다.

장애인이 휠체어를 탄 채로 조리를 할 수 있도록 배려하는 것은 통행 공간의 확보와 더불어 여유 공간의 확보가 반드시 필요하다.

장애인의 작업대 높이는 75cm를 하한으로 하며 하부공간은 65cm이상 비워두어 휠체어가 작업대 하부로 들어갈 수 있는 공간을 확보하도록 한다.

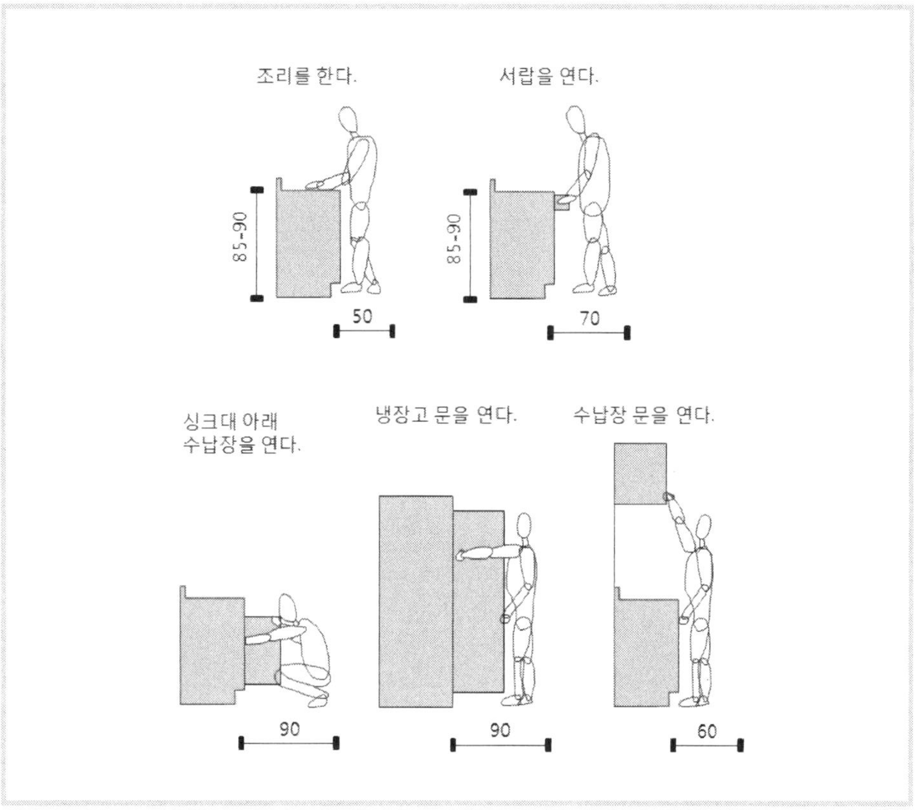

3. 위치와 규모 계획(Zoning & Scale)

주방은 대문, 차고, 현관에서 가까워야 식품의 반입과 쓰레기 반출 동선이 절약되며, 다른 주거공간에 번거로움을 끼치지 않는다.

주방은 욕실, 가사작업실과 가깝게 배치하되 시각적으로는 먼 것이 좋다. 또 식당에 인접하고 거실과 멀지 않아야 동선이 단축된다. 2층 주택에서는 아래 층에 주방을 두는 것이 편리하다. 주방에서 일하면서 전망을 즐길 수 있는 곳이라면 더욱 바람직하다.

주방의 크기는 주택의 크기, 가족 수, 음식에 대한 기호, 식생활 태도, 경제수준에 따라 다르나, 일반적으로 주택의 규모의 10%로 하며, 주택이 넓은 경우에는 10%이하로 한다. 주방이 음식을 만드는 장소로만 이용될 경우에는 약 8㎡ 정도가 적당하다. 주방은 가사작업공간이므로 넓으면 동선이 길어져서 피로해지기 쉬우므로 약 12㎡가 넘지 않도록 계획한다. 주방의 형태는 가로와 세로의 비율이 2:3 정도인 것이 작업대 배치에 유리하다.

4. 가구계획(Furnishing)

주방 가구는 싱크대, 장식장, 수납장이 가장 중요한 고려대상이 된다.

특히 조리와 식사는 함께 이루어지므로 식당과 고려해서 가구계획이 필요한데, 이런 형태를 DK(Dining Kitchen)이라고 한다. 주방과 식당을 독립한 경우보다 면적을 절약할 수 있고, 기능적으로 가사능률을 높일 수 있다. 그러나 주방의 지저분한 모습이 보일 수 있거나 냄새 등의 차단이 어려운 단점도 있다.

1)해치형

주방의 지저분한 조리장면이 직접 보이지 않게 높은 장식장을 놓아 연기냄새를 적당히 차단할 수 있는 타입이지만 주부와 가족 간의 대화가 어렵다.

2)일반 오픈형

해치 형에서의 단점을 극복하여 주부와 가족 간의 대화가 용이한 타입이지만 주방의 안정성이 결여되고 냄새와 연기 등의 차단이 어렵다.

3)카운터형

조리를 하는 주부와 가족 간의 대화가 친밀한 장점이 있으며, 간단한 식사나 차를 먹을 수도 있다. 단지 냄새와 연기 등에 유의할 필요가 있다.

4)아일랜드형

카운터에서 간단한 조리를 할 수 있도록 한 장점이 있다. 가족간의 대화가 쉽게 이루어지고 여러 사람이 함께 즐길 수 있다. 단지 화재나 연기에 주의할 필요가 있다.

05 화장실(Bathroom)

화장실은 개인의 프라이버시를 통해 생리, 목욕, 세면, 화장 등 여러 행위가 이루어지는 다목적 공간이다. 따라서 각각의 기능에 적합한 공간이 되도록 함은 물론 편안하고 위생적인 공간이 되어야 한다.

1.공간계획(Planning)

화장실 공간은 크게 화장실, 목욕실, 세면 화장실로 구분된다.

1)화장실은 배설과 생리, 이에 따른 서있거나 쭈그리는 동작이 함께 이루어지는 가장 프라이버시가 보장되고 가장 편안해야 하는 공간이다. 따라서 환기나 통풍, 채광에 대한 배려가 필요하게 된다.

2)목욕실은 몸을 청결히 하기 위해 몸을 씻는 공간이며, 심신의 피로를 풀어주는 휴식공간이다. 따라서 목욕실에서는 서서 몸을 씻는 샤워동작과 욕조에 몸을 담그는 동작이 이루어진다.

3)세면 화장실은 이를 닦거나, 세면, 화장을 하는 어느 정도 개방적인 동작이 이루어지는 곳이다. 따라서 조명기구, 수납공간, 의자 등에 대한 고려를 하여야 한다.

2.화장실에서의 행태(Behavior)

1)양변기 앞에 선다.

양변기 앞에서 서서 옷을 내리거나 올리는 동작이 이루어진다. 이 경우 약 50cm 정도의 여유공간이 필요하다. 특히 화장실 문을 열고 닫을 때, 안 여닫이로 하기 위해서는 최소 90cm×90cm의 공간이 필요하다.

2)양변기에 앉는다.

양변기에 앉아서 휴지걸이에 휴지를 떼거나 휴지를 버리는 동작에는 약 50cm의 여유공간이 필요하다.

3)휠체어 동작

장애인이 휠체어로 접근을 하려면 최소 폭이 80cm일 경우 1.6m의 길이가 필요하며, 여유 있게 휠체어가 접근하기 위해서는 폭 1.4m, 깊이 1.8m이상의 공간이 고려되어야 한다.

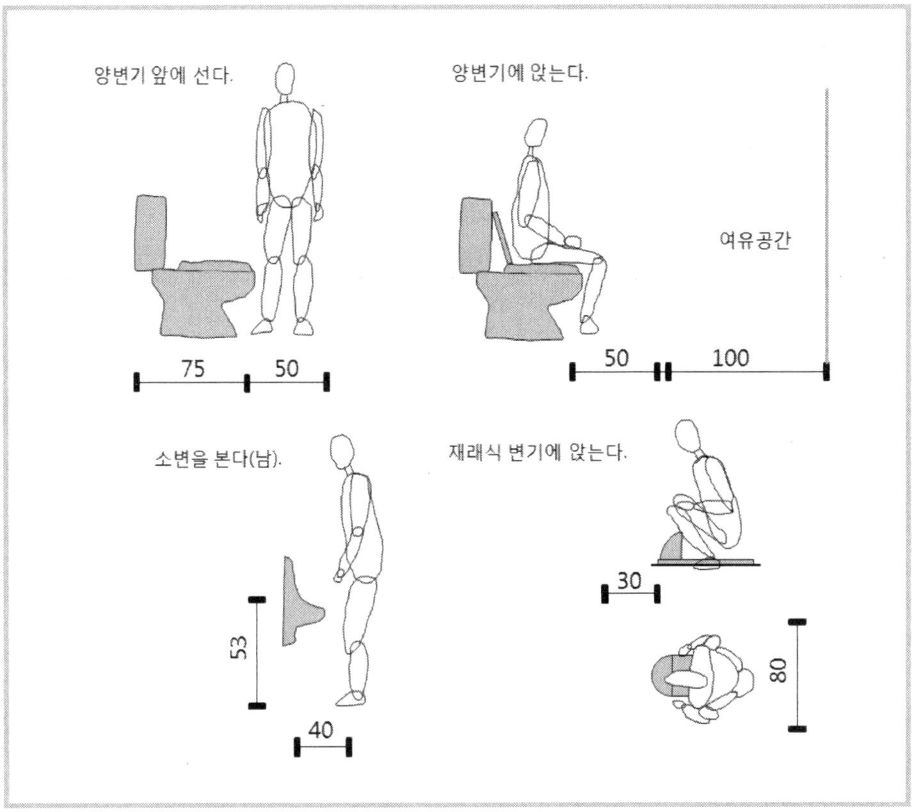

3.욕실에서의 행태(Behavior)

1)옷을 벗는다.

목욕을 위해서 옷을 벗고 입는 공간에 대한 배려가 소홀해지기 쉽다. 특히 목욕후에 축축히 젖은 옷을 입는다면, 쾌적감이 반감될 수 있다. 서서 옷을 벗고 입는 최소의 공간은 1.1m의 여유공간이 필요하다.

2)샤워를 한다.

샤워를 하는 경우 최소 60cm의 공간이 필요하게 되며, 서서 몸을 닦는 경우에는 1m의 여유 공간이 필요하다.

3)앉아서 몸을 씻는다.

앉아서 양팔로 몸을 씻는 경우에는 최소 90cm정도의 공간이 필요하다.

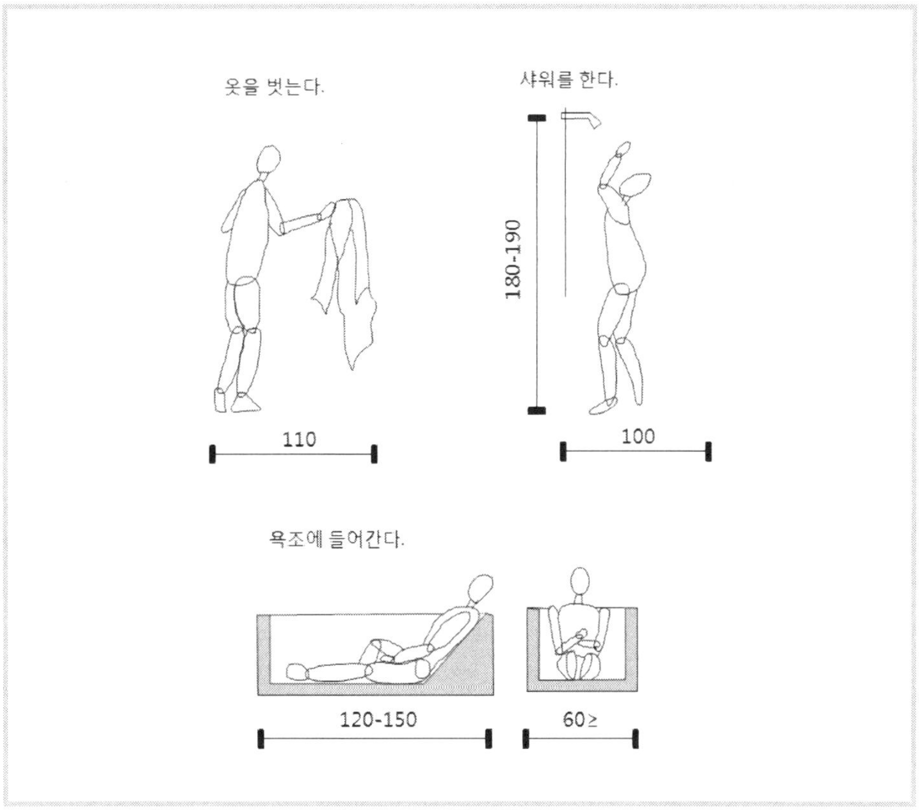

4.세면 화장공간에서의 행태(Behavior)

1)이를 닦거나 세수한다.

이 경우에는 서서 또는 허리를 굽혀 거울을 보면서 하는 동작이다. 약 80cm의 여유공간이 필요하게 된다.

2)화장을 한다.

화장은 대부분 의자에 앉아서 하게 되는데, 의자에서 손으로 얼굴을 만지는 동작은 90cm의 공간이 필요하다.

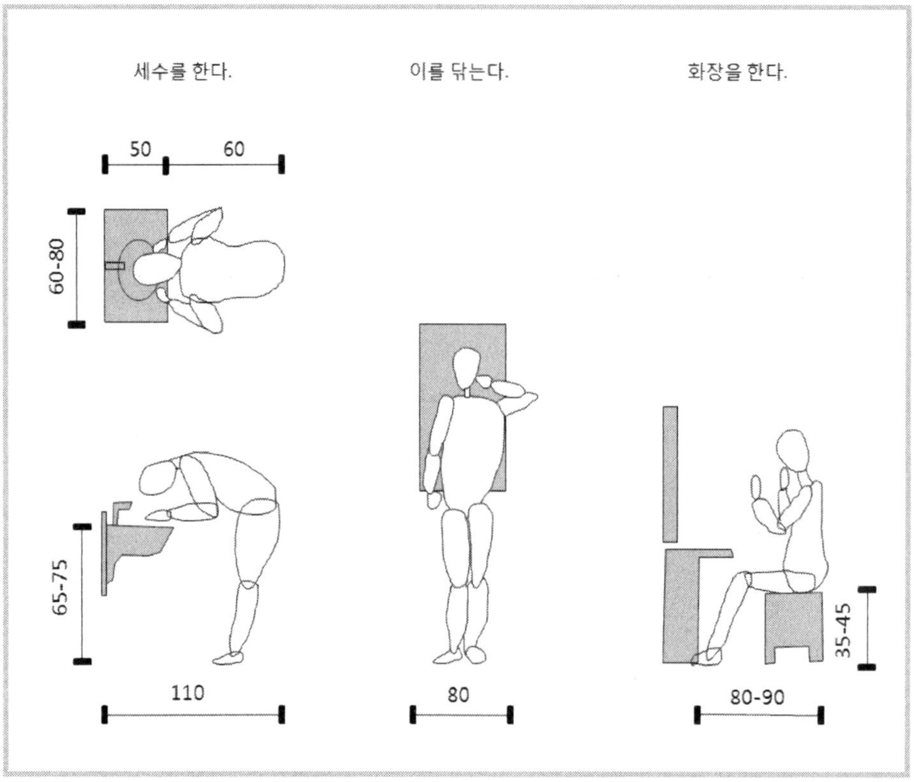

5. 가구계획(Furnishing)

화장실은 변기, 세면대, 욕조, 샤워기, 화장대 등을 필요로 하는 가구계획이 필요하다.

1)변기의 형식에는 양변기, 비데, 재래식 변기, 소변기 등이 있으며, 변기에는 오물을 흘려낼 수조탱크가 부착되어 있다. 이 밖에 휴지걸이, 수건걸이, 쓰레기통이 필요하다.

2)변기와 세면기의 배열형식에 따라 분류하면,

(1)종렬타입 : 변기와 세면기가 일체형으로 부착된 배치

(2)횡렬타입 : 변기와 세면기가 동일벽면에 나란히 설치되어 있는 배치

(3)마주보는 타입 : 변기와 세면기를 서로 마주보게 한 배치로 깊고 긴 평면에 적합하다.

(4)L자 타입 : 변기와 세면기를 L자로 배치한 형태로 공간의 활용도가 높다.

3)목욕을 위한 욕조는 FRP, 법랑, 스테인리스 등으로 만들어지는데, 욕조만을 부착하는 타입에서부터 욕실 전체를 일체로 하는 타입까지 다양하다.

06 침실(Bedroom)

침실의 주된 기능은 잠을 자는 공간이지만, 휴식을 취하는 사적 공간이며, 프라이버시가 요구되는 개인공간이기도 한다.

침실에는 침대 뿐만 아니라 침대 옆에 테이블을 두고 독서를 하거나, 장롱과 같은 수납공간을 두어 침구와 의류를 수납하기도 한다. 또한 화장이나 탈의를 하는 곳이다.

1.공간계획(Planning)

침실의 공간을 계획할 때는 침대를 어떻게 배치할 것인지를 우선 고려하여야 한다. 침대의 크기를 결정하는 매트리스의 크기는 싱글, 더블, 트윈, 퀸, 킹, 로얄 킹 등과 같은 각각의 크기와 각 배치에 따른 사이드 테이블이 고려되어야 한다.

침실에서는 프라이버시가 요구되므로 침대가 직접 보이지 않게 하거나, 통풍, 일조 등을 고려하여야 한다.

싱글베드는 침대 한쪽 측면을 벽에 붙이는 경우가 많으나, 침대 정리를 위해 최소한 5~10cm의 간격을 고려하여야 한다. 더블베드를 놓는 경우에는 양쪽 측면이 벽에서 사람이 통행할 수 있도록 최소 50cm이상의 확보를 고려해서 계획하도록 한다.

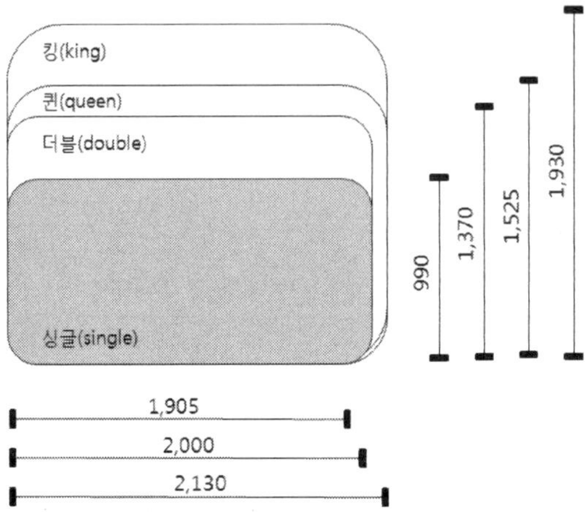

매트리스(metress)의 크기

2.침실에서의 행태(Behavior)

1)침대와 벽 사이를 걷는다.

더블베드인 경우 옆에 있는 사람이 방해받지 않고 일어서서 침대 옆을 통행하기 위해서는 최소 50cm의 여유공간을 확보해야 한다.

2)침대에 앉아서 옷을 갈아입는다.

침대에서 양말을 신거나 옷을 갈아입는 경우 최소 90cm의 여유공간이 필요하다.

3)침대를 정리한다.

침대를 청소하거나 매트리스를 정리할 때 몸을 굽혀 활동할 수 있는 공간은 60cm정도 필요하다.

4)서서 옷을 입는다.

서서 겉옷을 입기 위해서는 양팔의 한쪽은 곧게 펴야 한다. 이 경우 최소 90cm의 공간이 필요하다.

5)앉아서 서랍장을 연다.

장롱이나 옷장의 아래 부분의 서랍을 열고 닫기 위해서는 1m의 공간이 필요하다.

6)서서 장롱 문을 연다.

장롱에 서서 옷을 꺼내기 위해서는 90cm의 공간이 필요하다.

7)화장을 한다.

화장대 의자에 앉아서 화장을 하기 위해서는 80cm의 동작공간이 필요하다.

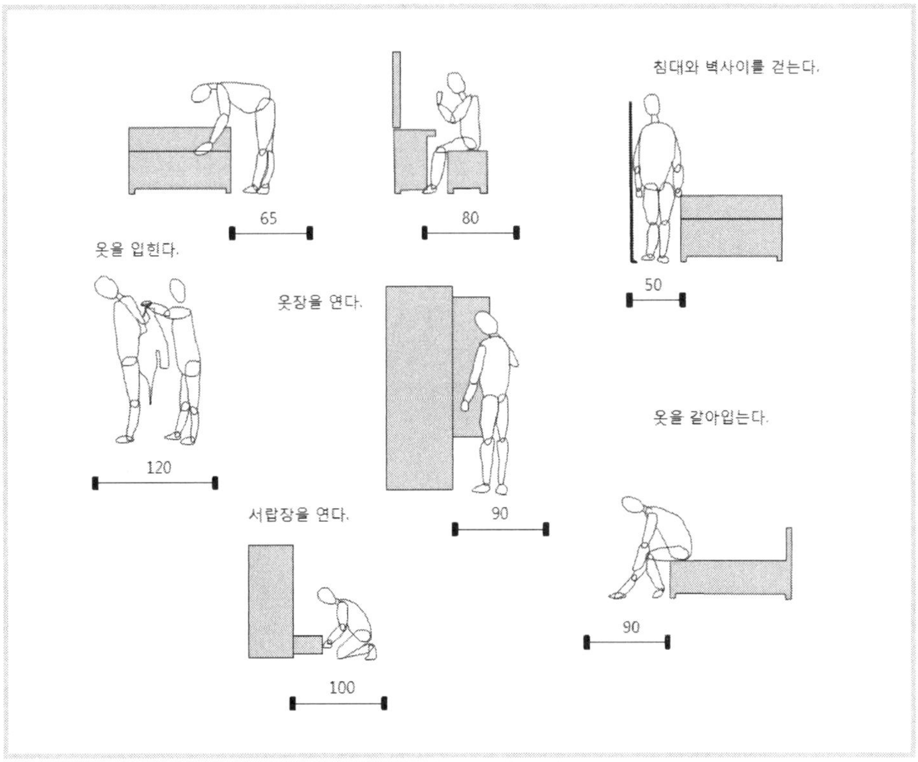

3. 가구계획(Furnishing)

침실의 가구는 직접 잠을 자는 침대, 각종 옷, 침구 등을 수납하는 수납가구, 휴식과 대화를 나누는 체어, 화장대 등이 있다.

침대의 배치형태에 따라 구분하면,

1)싱글 베드 형

혼자 생활하는 침실에 놓는 베드이다. 공간의 활용을 높이기 위해 한 쪽을 벽면에 접해서 배치하는 것이 일반적이지만, 접어서 벽에 수납하는 형태도 있다.

2)트윈 베드 형

싱글 베드 사이에 나이트 테이블을 놓고 2개의 베드를 배치하는 형태이며, 침대 점유면적은 2.5m×2.5m가 된다.

3)더블 베드 형

2인이 함께 침대를 사용하는 형태이며 침대크기 이외에 침대정리와 옷을 갈아입는 공간, 수납공간을 첨가하면 3.6m×3.6m정도가 필요하다.

이 경우 양쪽에 사이드 테이블을 놓는 50cm정도의 여유공간이 고려되어야 한다.

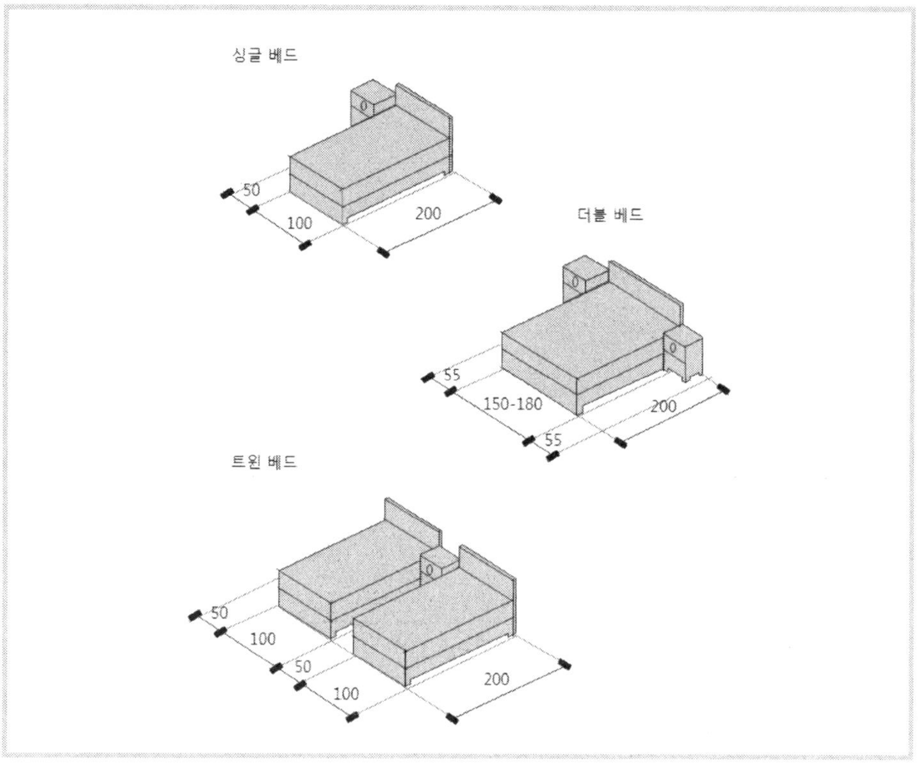

07 서재(Study Room)

주거공간 내에서 근무하는 재택 근무가 늘어나면서 서재 공간에 대한 관심이 늘어나고 있다. 또한, 생활의 여유와 정보와 지적(知的) 생활에 대한 동경은 단순히 책을 보는 단계를 넘어 인터넷을 통해 정보를 얻는 공간으로 그 가치가 높아지고 있다.

혼자만의 시간을 보내는 휴식의 공간과 취미생활에 대한 용도로서 서재는 매우 유익하다.

1.공간계획(Planning)

서재에서는 기본적으로 책을 보는 공간이므로 책상과 의자만으로도 그 기본은 될 수 있다. 그러나 책이나 자료를 수납하기 위한 책장과 독서로 피로해졌을 때 편안하게 쉴 수 있는 안락의자 등이 필요하다.

이를 위해 계획상의 중요한 것으로는,

1)독서, 컴퓨터 작업 등이 효율적으로 연계되는 기능적 공간이 되어야 한다.

2)독서, 음악감상, 휴식 등을 위한 가구, 색채, 조명 계획이 종합적이고 조화적으로 이루어져야 한다.

3)소음, 조망, 채광 등을 위한 공간계획이 되도록 배치계획과 시공계획이 필요하다.

2.서재에서의 행태(Behavior)

1)독서를 한다.

책상에 앉기 위한 의자를 뒤로 움직이기 위해서는 75cm의 여유공간이 필요하다.

2)컴퓨터 작업을 한다.

키보드의 높이는 70cm 전후가 적당하며, 눈과 모니터 사이는 40~60cm가 적당하다.

시선의 방향은 수평보다 약간 하향이 좋은데 시각범위는 0~30도가 된다.

3)책을 꺼내고 넣는다.

책의 크기가 큰 경우 책장 아래에 쭈그리고 앉아서 꺼낼 수 있는 75cm의 여유공간이 필요하다.

4)휴식을 한다.

혼자 명상을 하거나 휴식, 음악을 들을 수 있는 휴식의자와 기기가 필요하며 조명 계획도 함께 고려되어야 한다.

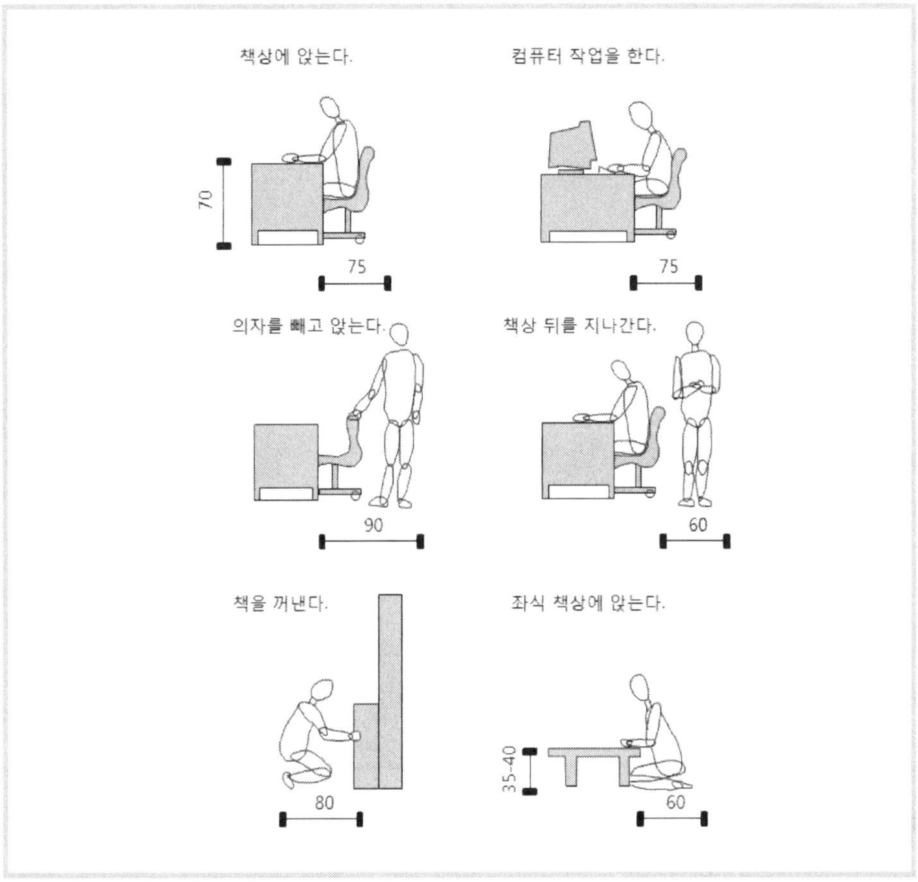

3. 가구계획(Furnishing)

서재의 가구계획은 기능과 휴식이 함께 고려되어야 한다. 왜냐하면 항상 독서만 하는 공간이 아니라 가끔 휴식과 대화를 위한 시간도 필요하기 때문이다. 따라서 책상, 소파, 의자, 책장, 작업대 등이 기능적으로, 또한 미적으로 조화있게 배치되어야 한다.

1)서재에 앉아서 책을 보는데 필요한 공간은 60cm×60cm 정도의 공간이 필요하며, 이 이외에 여유공간이 부가적으로 필요하다. 따라서 한 사람이 사용하는 데 필요한 책상은 1.2m의 길이와 80cm의 넓이가 된다.

2)책상의 높이는 사람의 신체크기와 밀접한데, 대체로 67cm에서 70cm의 높이가 필요하다. 오랫동안 앉아서 지내야 하므로 의자는 기능성 있는 등받이와 팔걸이가 있어야 한다.

3)독서+컴퓨터, 독서+취미, 독서+휴식 등의 다양한 행태에 맞는 가구 계획을 위해 一자, ㄱ자, ㄷ자 배치를 계획한다.

4)수납공간도 서재에서는 매우 중요하다.

낮은 곳에서는 50cm 내외, 높은 곳에서는 30cm 내외의 선반이 필요하며, 고정된 선반보다는 간격조정이 가능한 것이 좋다.

5)휴식을 위해 간단한 소파와 대화를 위한 의자가 잘 고려되어야 한다.

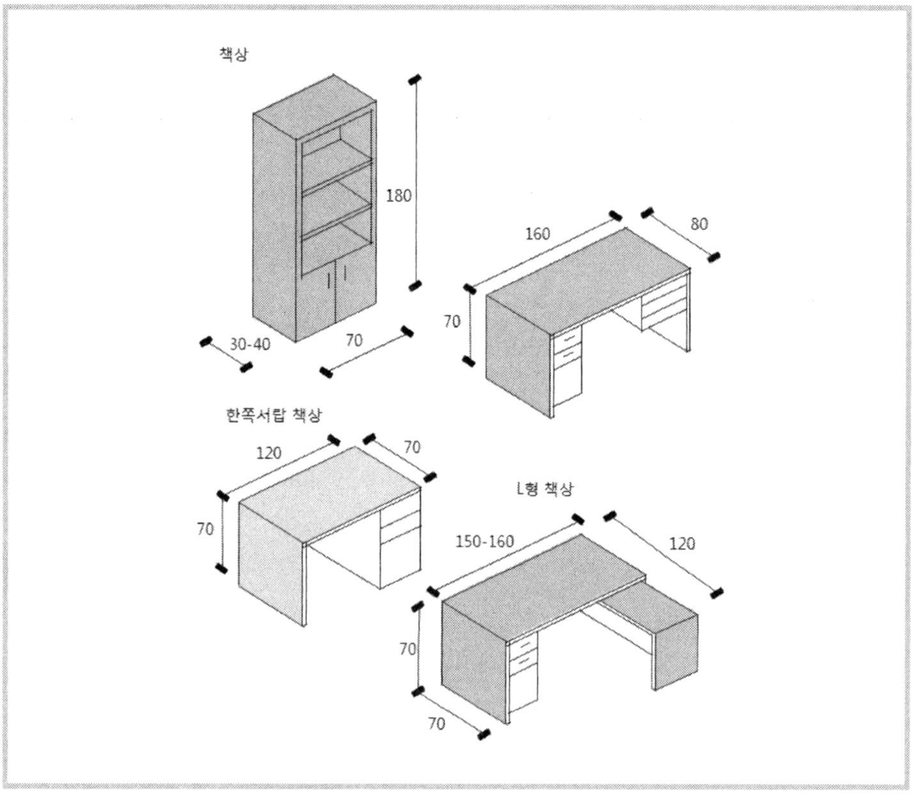

08 어린이 방(Child Room)

유치원 시절까지만 해도 부모와 함께 침실을 사용하던 어린이가 초등학교에 입학을 하게 되면 독립적인 방을 요구하게 된다.

어린이 방은 아동이 성장하면서부터 점차 자신만의 독립적인 공간의 필요성을 요구하기 때문에 주택에서 가장 변화가 필요한 공간이다.

1.공간계획(Planning)

공부, 수면, 놀이가 함께 이루어지는 어린이방은 책상, 옷장, 침대가 최소한 필요하며 이 경우 최소 1.8m×2.7m가 필요하다. 점차 고학년이 되면 이에 따른 독립적인 책장과 수납공간이 필요하게 되며 최소 2.7m×2.7m가 필요하게 된다.

취미로서 그림이나 음악을 위한 여유공간을 생각하면 필요공간은 더욱 넓어지게 된다.

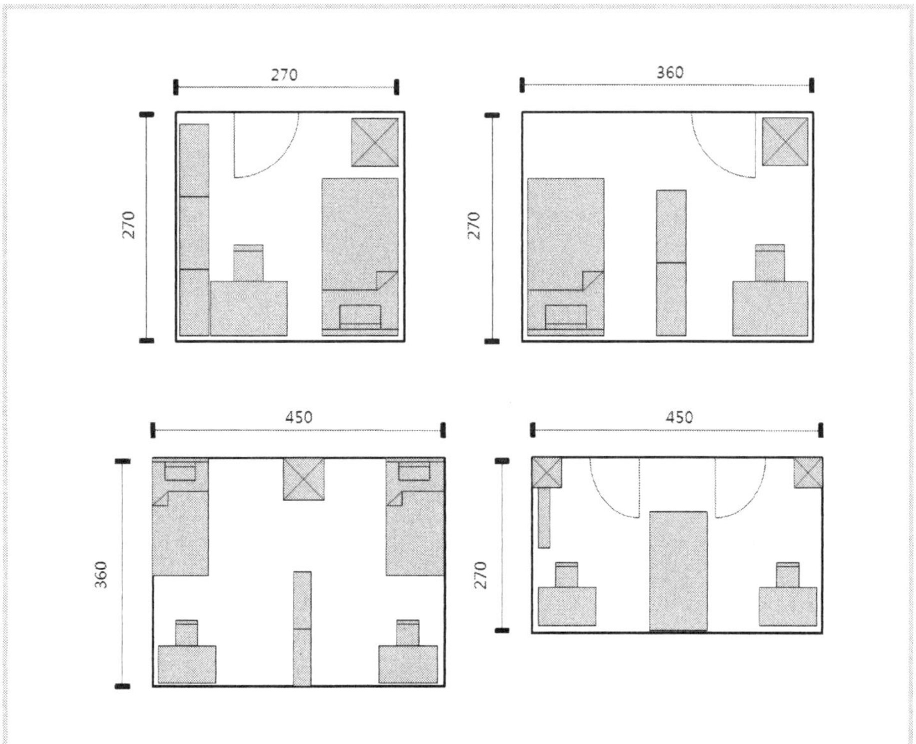

2.어린이 방에서의 행태(Behavior)

1)공부한다.

초등학교 학생이 책상에 앉아서 공부하고자 할 때 의자를 당길 수 있는 여유공간은 60cm정도 필요하며 성장할수록 어른의 치수와 점점 가까워진다.

2) 공작을 한다.

서서 그림을 그리거나 공작을 할 때 작업대에서 50cm의 공간이 필요하다.

3. 가구계획(Furnishing)

어린이방의 공간 효율을 위해 2층 침대를 생각할 수 있는 데 아래 침대에서 위 침대 바닥까지의 여유 높이는 1.05m이내에서 고려할 수 있다. 이 높이는 아래 침대에 앉았을 때 머리 높이

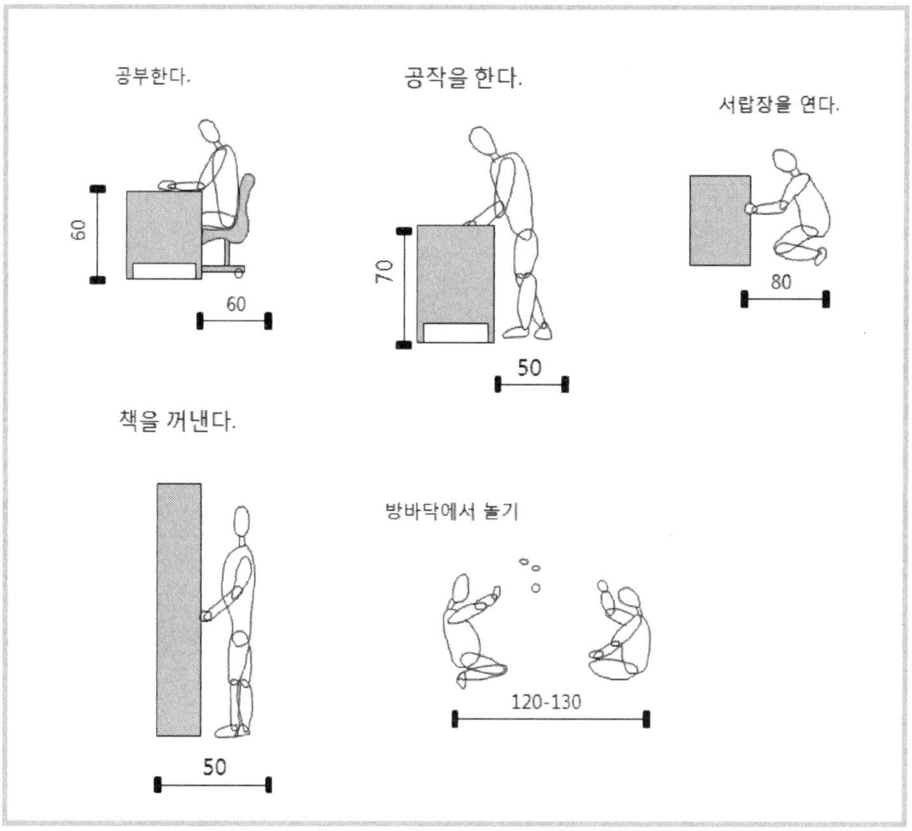

에 해당한다.

어린이 책상의 크기는 폭 60~70cm, 길이 90cm~1.2m 범위 이내에서 어린이 신체에 적합하도록 선택 할 수 있다.

09 현관(Foyer)

주택의 외부와 내부, 자연 환경과 사회화경이 이루어지는 전위공간이다. 서양에서는 현관의 높이와 실내가 동일하지만 우리나라 같이 신을 벗고 실내로 들어와야 하는 곳에서는 약간의 턱을 두게 된다. 또한 신발 뿐만 아니라 우산, 스키용품 기타 밖에서 사용하는 용품을 넣어 두는 공간이기도 하다.

1.공간계획(Planning)

1)일체형

거실과 현관을 구분하지 않고 개방을 하는 타입이다.

좁은 공간에서 따로 문을 두기 어려운 경우 일체형을 사용하게 되는데, 겨울에 찬바람이 그대로 거실로 들어온다든지, 현관의 복잡한 신발과 용품이 노출될 수 있는 단점이 있다.

2)독립형

현관에서 2층으로 가는 계단, 복도 등을 두거나, 문을 따로 두어 거실과 독립하는 타입이다.

동선이 집약적이고 독립성이 우수하나 면적이 많이 필요하게 되는 단점이 있다.

2.현관에서의 행태(Behavior)

1)인사를 한다.

외부사람과 인사를 나누기 위해서 허리를 굽힐 수 있는 여유공간은 80cm 정도가 된다.

2)신발을 신는다.

현관 턱에 앉아서 신발을 쉽게 신고, 벗을 수 있는 공간은 80cm이다. 만약 서서 신발을 신고

벗는다면 60cm의 공간이 필요하게 된다.

3)외투를 벗는다.

외출 후 집에서 외투, 비옷을 벗는 경우 1m의 여유공간을 고려해야 한다.

4)문을 밖으로 연다

현관문에 서서 문을 밖으로 열기 위해서는 안쪽에 45cm의 공간을 염두에 두어야 한다. 단, 안으로 열기 위해서는 1.2m의 공간이 필요하다.

3. 가구계획(Furnishing)

현관에는 많은 신발과 물건을 수납하기 위한 수납장이 필요하다.

일반 신발을 위한 선반은 15cm의 높이가 필요하나 부츠, 우산 등 많은 종류의 용품을 수납하기 위해서는 다양한 선반 계획이 필요하다.

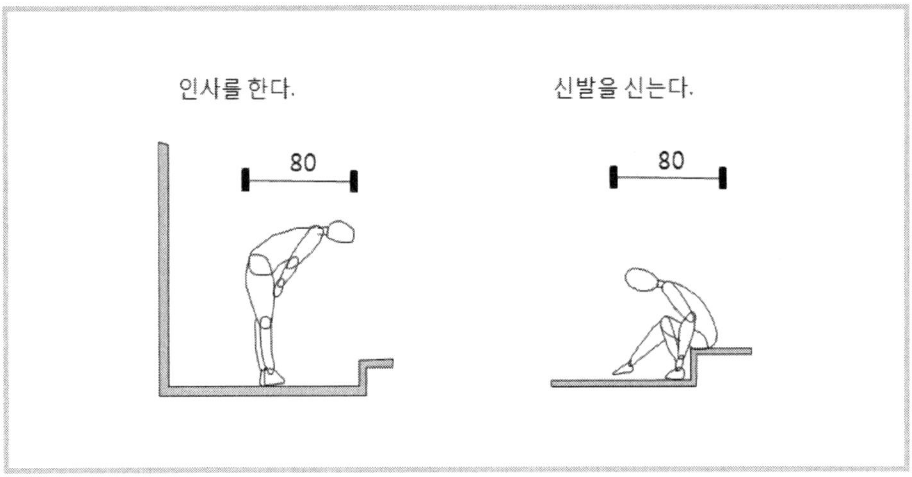

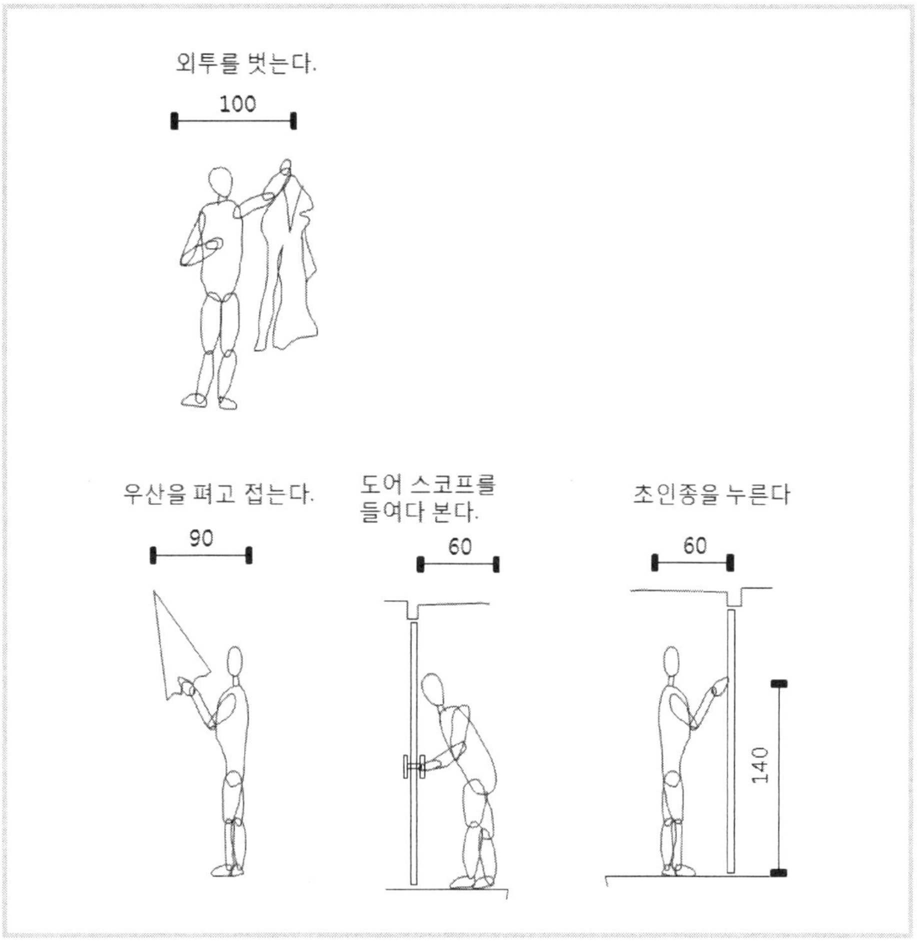

10 노인, 장애인 공간(Silver & Handicapped)

나이가 들어 심신이 쇠약해지거나 선천적, 후천적으로 몸이 부자유스러운 사람은 다른 사람 또는 기기의 도움을 필요로 하게 된다.

도움의 필요성에 의한 분류

1) 셀프 케어 레벨(self care level) : 스스로 독립적으로 생활할 수 있는 단계

2) 레지던셜 케어 레벨(Residential care level) : 일상적인 조리, 청소, 세탁 등, 가사의 도

움을 받아야 하는 단계

3) 퍼스널 케어 레벨 단계(Personal care level) : 일상생활의 배설, 입욕 등 신변의 도움을 받아야 하는 단계

4) 너싱 케어 및 메디컬 케어 레벨(Nrsing & Medical care level) : 일상생활의 전문적인 간호나 의료의 도움을 받아야 하는 단계

5) 터미널 케어 레벨(Terminal care level) : 말기 의료의 도움을 필요로 하는 단계, 등으로 구분된다.

1.공간계획(Planning)

노인이나 신체장애인의 공간을 계획하기 위해서는 이들이 이동하기 위하여 지팡이, 휠체어 등의 도움이 필요하다는 것을 고려해야 한다.

휠체어를 이용하는 장애인의 활동공간 계획은 회전에 필요한 최소치수 지름 1.4m의 원을 고려하며, 각 공간에 원의 이동이 가능하도록 계획하여야 한다.

개인공간의 계획은,

1) 각 공간에 단차를 없애며 외부접근이 가능하도록 경사로를 설치한다.

2) 취침공간에는 침대주변에 휠체어를 갈아 탈 수 있는 시설과 공간이 필요하다.

3) 생리작용을 위해 특히 욕실과 변기 등으로 이동과 접근이 가능하도록 고려한다.

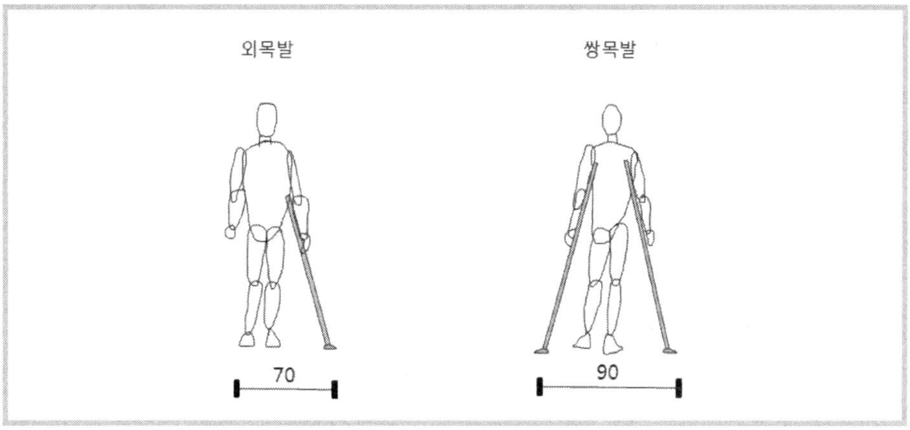

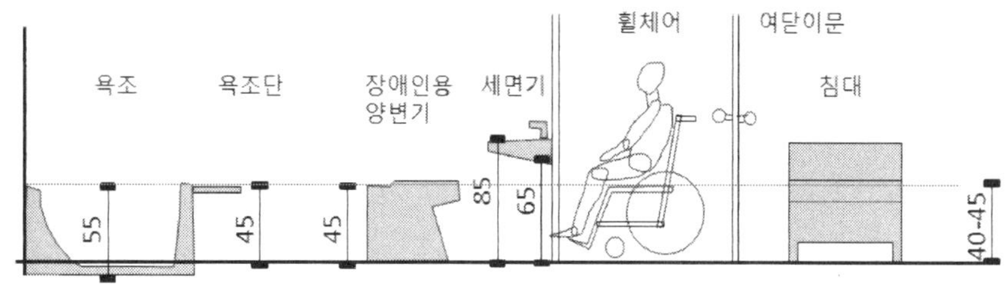

주거공간 내 높이방향 기준면

2.노인, 장애인의 행태(Behavior)

노인이나 장애인의 동작공간은 신체적 특성에 따라 설정하여야 하는데, 휠체어의 활동공간, 신체의 수평, 수직 도달거리에 대한 배려가 필요하다.

1)휠체어로 통행한다.

휠체어로 통행하기 위한 최소폭은 80cm이지만 일반적으로 90cm이상을 고려한다. 또한 통행하는 통로에는 단차를 두지 않으며, 어쩔 수 없이 단차를 두는 경우에는 2cm이하로 계획한다.

2)휠체어로 90도 방향전환을 한다.

휠체어로 90도 방향전환을 하기 위한 최소 폭은 80cm이며 90cm이상을 권장한다.

〈 케어 시스템 기기의 계획 〉

노인이나 장애인들은 각자의 장애유형과 종류에 따른 케어 시스템 기기가 계획되어야 하는데 수면을 위한 기기, 생리를 위한 기기, 휴식을 위한 기기, 이동을 위한 기기 등이 있다.

휠체어 사용자를 위한 기기는 바닥에서 40~45cm에서 이루어 질 수 있도록 계획하는 것이 중요하다.

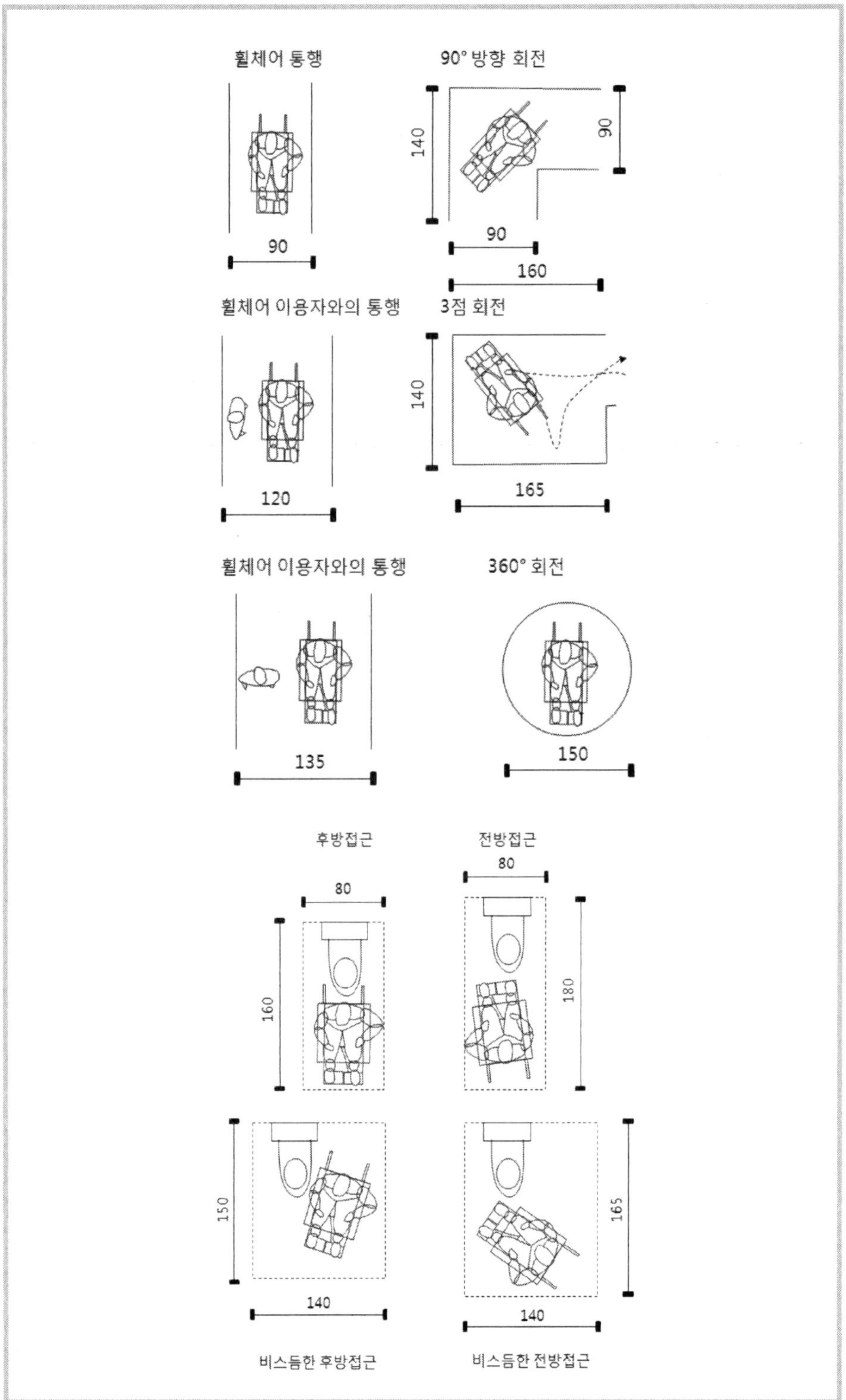
휠체어 통행
90
90° 방향 회전
140
90
90
160
휠체어 이용자와의 통행
120
3점 회전
140
165
휠체어 이용자와의 통행
135
360° 회전
150
후방접근
80
160
전방접근
80
180
150
140
비스듬한 후방접근
165
140
비스듬한 전방접근

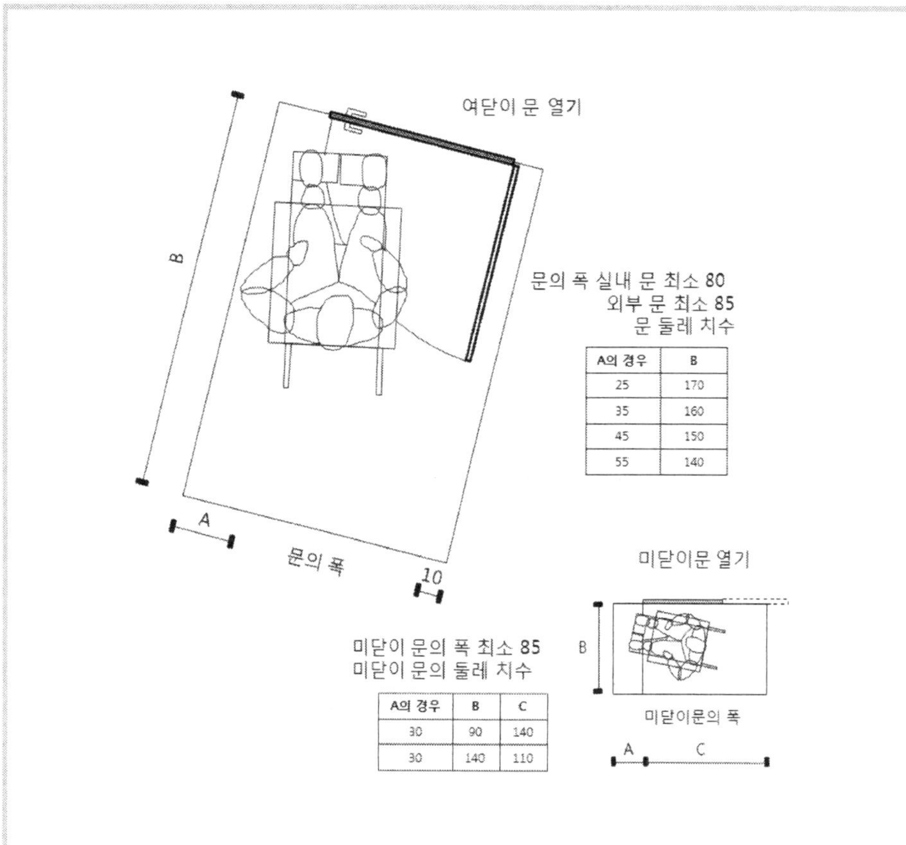

A의 경우	B
25	170
35	160
45	150
55	140

A의 경우	B	C
30	90	140
30	140	110

11 계단, 복도(Stair & Corridor)

계단은 낮은 공간과 높은 공간을 수직으로 연결하는 매개 공간이다. 따라서 오르고 내리는 데 따른 안전과 편안함이 중요하다.

수평으로 이동하는데 필요한 통행공간에는 복도와 같은 전용통행 공간과 거실처럼 다중적인 목적을 지니는 공용통행공간이 있다.

1.공간계획(Planning)

1) 계단의 폭은 최소 70cm이상으로 하여야 하며, 반드시 난간을 설치하여야 한다. 오르내리

는데 편리한 보통 계단의 경사는 29~35도가 적당하며 최고 45도를 넘지 않는 것이 좋다.

2) 계단 챌면은 18cm이하, 보통 15~18cm로 한다. 디딤판의 치수는 28cm이상이 좋다.

3) 난간의 높이는 85cm에서 90cm로 하며, 난간의 두께는 지름 3.2~3.8cm로 하여 손으로 잡기 쉽도록 한다.

4) 전용통행 공간인 복도는 최소 80cm이상, 일반적으로 90cm이상이 필요하다.

현관을 겸하는 경우에는 1.2m이상으로 하며, 복도에 다용도실, 세면실, 작업실을 두는 경우에는 1.5m의 폭이 필요하게 된다.

2.계단, 통행공간에서의 행태(Behavior)

1)혼자 계단을 오르내린다.

계단의 유효폭은 보통 75cm에서 90cm를 고려한다.

2)두 사람이 스쳐 오르내린다.

보통 1.2m에서 1.5m를 고려한다. 한 사람이 통행하기 위한 최소의 통로 폭은 60cm, 보통

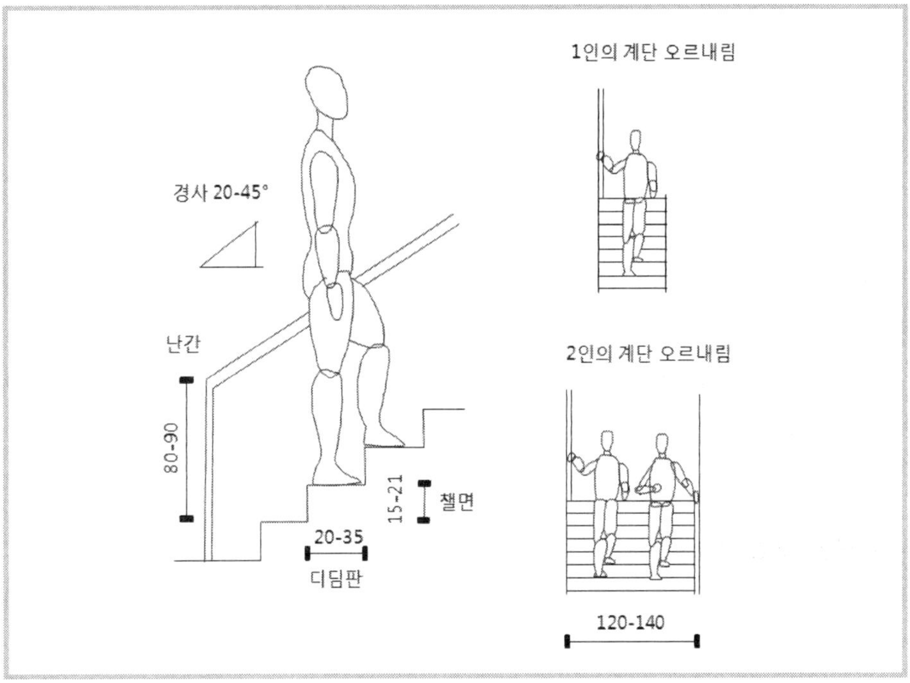

80cm로 하며 두 사람이 통행하기 위해서는 1.05m에서 1.2m를 고려한다.

3. 계단의 계획

1)직선 계단

오름과 내림을 위한 계단의 방향이 한 방향으로만 되어 있는 경우로 계단실이 좁고 긴 경우에 좋다.

2)U형 계단

계단의 방향을 중간에서 180도 회전시키며, 계단실의 길이가 짧아 공간의 활용이 높다.

3)L형 계단

계단의 방향을 중간에서 90도 회전시켜 시야의 방향에 변화를 주는 형태이다.

4)원형(돌림) 계단

계단을 원형(나선형)으로 회전시켜 좁은 공간에서 수직으로 이동이 가능하도록 한 형태이다.

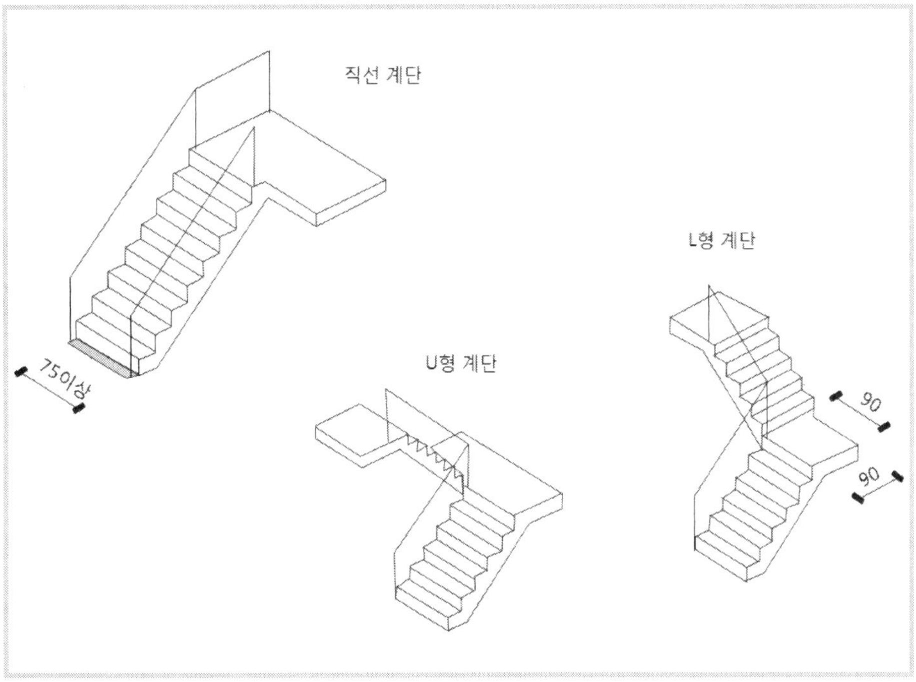

| 참고문헌

김영수 외 1인, 인간공학 및 주거계획, 성안당, 2005

오영근, 인간척도론, 시공문화사, 2003

윤천근 외 5인, 건축계획, 기문당, 2005

장정제, 건축설계제도의 이해, 시공문화사, 2008

주거학연구회, 넓게 보는 주거학, 교문사, 2005

황세옥, 공간계획과 인간공학, 태학원, 2009

| 저자 약력

윤 영 삼

- (일본)동경공업대학 건축학과 졸업, 공학박사

김 은 경

- 건국대학교 건축대학 건축학과 공학박사(수료)

진 영 서

- 성균관대 건축공학과/대학원 졸업(공학사/ 석/ 박사)
- 대한건축학회 정회원
- 현 경복대학교 공간디자인학부 교수

인 간 공 학

2024년 9월 25일 인쇄
2024년 9월 30일 발행

공 저 : 윤영삼·김은경·진영서
펴낸이 : 이 석 환
펴낸곳 : 도서출판 서우
등 록 : 제8-159호
주 소 : 서울시 은평구 대조동 191-5
전 화 : (02) 383-1696, 1697
팩 스 : (02) 387-9578
ISBN 978-89-97153-68-8 93540

값 18,000원

■ 신저작권법에 의한 한국에서 보호를 받는 저작물이므로
무단전재와 복제를 금합니다.